012 OUTDOOR

いますぐ使える
# 山菜採りの教科書

大海 淳 著

# 山菜採りナビカレンダー

## 人里

| 山菜名 | 1 | 2 | 3 | 4 | 5 | 6 | 7 | 8 | 9 | 10 | 11 | 12 |
|---|---|---|---|---|---|---|---|---|---|---|---|---|
| アカザ（P44） | | | | | 若葉・若茎 | 若葉・若茎 | | | 実（種子） | 実（種子） | | |
| アカメガシワ（P46） | | | 若芽 | | | | | | | | | |
| アサツキ（P48） | ←若葉・鱗茎→ | ←若葉・鱗茎→ | ←若葉・鱗茎→ | ←若葉・鱗茎→ | | | | | | ←若葉・鱗茎 | 若葉・鱗茎→ | |
| イタドリ（P50） | | | | 若葉・若茎 | 若葉・若茎 | | | | | | | |
| オオバコ（P52） | | | | 若葉 | 若葉 | | | | | | | |
| オランダガラシ（クレソン、P54） | | | | | 若葉・若茎 | 若葉・若茎 | 若葉・若茎 | | | | | |
| カキドオシ（P56） | | | | 若葉・花・若茎 | 若葉・花・若茎 | | | | | | | |
| カラスウリ（P58） | | | | | | 若葉 | | 未熟果 | | | | |
| カラスノエンドウ（P60） | | | | 若葉・花・若茎・実 | 若葉・花・若茎・実 | | | | | | | |
| ヤブカンゾウ（カンゾウ類、P62） | | | | 若芽 | | | | 花 | | | | |
| ギシギシ（P64） | | | | | 若葉・若茎 | 若葉 | | | | | | |
| キランソウ（P66） | | | | 花 | 花 | | | | | | | |
| キンミズヒキ（P68） | | | | 若葉・若茎 | 若葉・若茎 | | | | | | | |
| クズ（P70） | | | | | | つる先 | | 花 | | | | |
| ゲンノショウコ（P72） | | | | | 若葉・若芽 | | 花 | | | | | |
| コオニタビラコ（P74） | | | 若葉 | 若葉 | | | | | | | | |
| サルトリイバラ（P76） | | | | 若葉・若芽 | 若葉・若芽 | | | | | | | |
| サンショウ（P78） | | | | 若葉・花・若芽 | 若葉・花・若芽 | | 果実 | | | | | |
| スイカズラ（P80） | | | | | 若葉・若茎・若芽 | 若葉・若茎・若芽 | | | | | | |
| スイバ（P82） | ←若葉・若芽→ | ←若葉・若芽→ | ←若葉・若芽→ | ←若葉・若芽→ | ←若葉・若芽→ | | | | | | 若葉・若芽→ | |
| スギナ／ツクシ（P84） | | | | 若茎・若芽 | 若茎・若芽 | | | | | | | |
| スベリヒユ（P86） | | | | | | | 若葉・若茎・若芽 | 若葉・若茎・若芽 | | | | |
| セリ（P88） | | | 若葉・若茎・若芽・根 | 若葉・若茎・若芽・根 | 若葉・若茎・若芽・根 | | | | | | | |
| タチツボスミレ（P90） | | | | | 全草 | | | | | | | |
| タネツケバナ（P92） | | | 若葉・若茎・若芽 | 若葉・若茎・若芽 | | | | | | | | |
| タラノキ（タラノメ、P94） | | | | 若芽 | | | | | | | | |
| タンポポ（P96） | | | | | | 全草 | 全草 | 全草 | | | | |
| ツユクサ（P98） | | | | | | | 若葉・花・若茎・若芽 | 若葉・花・若茎・若芽 | | | | |
| ナズナ（P100） | | | 若葉・若芽・根 | 若葉・若芽・根 | | | | | | | | |
| ナンテンハギ（P102） | | | | | 若芽 | | | | 花 | | | |
| ニワトコ（P104） | | | 若芽 | 若芽 | | | | | | | | |
| ノゲシ（P106） | | | | 若葉・若茎・若芽 | 若葉・若茎・若芽 | | | | | | | |

| 山菜名 | 1 | 2 | 3 | 4 | 5 | 6 | 7 | 8 | 9 | 10 | 11 | 12 |
|---|---|---|---|---|---|---|---|---|---|---|---|---|
| ノビル（P108） | | | 若葉・鱗茎 | 若葉・鱗茎 | 若葉・鱗茎 | | | | | 若葉・鱗茎 | 若葉・鱗茎 | |
| ハハコグサ（P110） | | | 若葉・若茎・若芽 | 若葉・若茎・若芽 | | | | | | | | |
| ハリエンジュ（P112） | | | | | 花 | | | | | | | |
| ハリギリ（P114） | | | | 若葉・若芽 | 若葉・若芽 | | | | | | | |
| ハルジオン（P116） | | | | 若葉・若茎・若芽 | 若葉・若茎・若芽 | | | | | | | |
| フキ（フキノトウ、P118） | | | 若葉・花・若芽・葉柄・花茎 | 若葉・花・若芽・葉柄・花茎 | 若葉・花・若芽・葉柄・花茎 | | | | | | | |
| ベニバナボロギク（P120） | | | | | | | | | 若葉・若茎・若芽 | 若葉・若茎・若芽 | | |
| ホタルブクロ（P122） | | | | | 若葉・若芽 | 若葉・若芽 | 花 | | | | | |
| ホトトギス（P124） | | | | 若葉・若芽 | 若葉・若芽 | | | | | | | |
| ミゾソバ（P126） | | | | | 若葉・若芽 | 若葉・若芽 | | | | | | |
| ミツバ（P128） | | | | 若葉・若茎・若芽 | 若葉・若茎・若芽 | | | | | | | |
| ヤマグワ（P130） | | | | | 若葉 | | 果実 | | | | | |
| ヤマノイモ（P132） | | | 根 | | 若葉 | | | | ムカゴ | | 根 | |
| ユキノシタ（P134） | | | | | | 若葉 | | | | | | |
| ヨメナ（P136） | | | 若葉・若茎・若芽 | 若葉・若茎・若芽 | | | | | | | | |
| ヨモギ（P138） | | | | 若葉・若芽 | 若葉・若芽 | | | | | | | |
| ワレモコウ（P140） | | | | 若葉・若芽 | 若葉・若芽 | | | | | | | |

| 山地 | 1 | 2 | 3 | 4 | 5 | 6 | 7 | 8 | 9 | 10 | 11 | 12 |
|---|---|---|---|---|---|---|---|---|---|---|---|---|
| アケビ（P144） | | | | 若茎・若芽 | 若茎・若芽 | | | | 果実 | | | |
| アザミ類（P146） | | | | | 若葉・若茎・若芽・根 | 若葉・若茎・若芽・根 | | | | | | |
| イワタバコ（P148） | | | | | 若葉 | | | | | | | |
| ウツボグサ（P150） | | | | 若葉・若芽 | 若葉・若芽 | 花 | | | | | | |
| ウド（P152） | | | | | 若茎・若芽 | | | | 花・果実 | | | |
| ウバユリ（P154） | | | 鱗茎 | | 若葉 | | | | | 鱗茎 | | |
| ウワバミソウ（P156） | | | | | 若葉・若茎・若芽・ムカゴ・根 | 若葉・若茎・若芽・ムカゴ・根 | | | | | | |
| ウワミズザクラ（P158） | | | | | 花 | | 果実 | | | | | |
| オオイタドリ（P160） | | | | | 若茎・若芽 | | | | | | | |
| オオウバユリ（P162） | | | | 鱗茎 | | | | | | 鱗茎 | | |
| オオバギボウシ（P164） | | | | | 若葉・若茎・若芽 | | | | | | | |
| カタクリ（P166） | | | | 若葉 / 花 | | | | | | | | |
| カラマツソウ（P168） | | | | | 若茎・若芽 | | | | | | | |
| ギョウジャニンニク（P170） | | | | | 全草 | | | | | | | |
| クサソテツ（コゴミ、P172） | | | | 若芽 | | | | | | | | |
| コシアブラ（P174） | | | | | 若芽 | | | | | | | |
| コバギボウシ（P176） | | | | 若葉・葉柄 | 若葉・葉柄 | 花 | | | | | | |

| 山菜名 | 1 | 2 | 3 | 4 | 5 | 6 | 7 | 8 | 9 | 10 | 11 | 12 |
|---|---|---|---|---|---|---|---|---|---|---|---|---|
| ゴマナ（P178） | | | | | 若葉 | | | | | | | |
| サワオグルマ（P180） | | | | | 若葉・若芽 | | | | | | | |
| シオデ（P182） | | | | | 若芽 | | | | | | | |
| ゼンマイ（P184） | | | | 若芽 | | | | | | | | |
| ソバナ（P186） | | | | 若葉・若茎・若芽 | | | | 花 | | | | |
| ダイモンジソウ（P188） | | | | | | | | 若葉 | | | | |
| チシマザサ（ネマガリダケ、P190） | | | | | 若芽 | | | | | | | |
| ツリガネニンジン（P192） | 根 | | | 若葉・根 | | | | | 根 | | | |
| トリアシショウマ（P194） | | | | | 若芽 | | | | | | | |
| ニリンソウ（P196） | | | | 若葉・花・若茎・若芽 | | | | | | | | |
| ハナイカダ（P198） | | | | | 若葉・若芽 | | | | 果実 | | | |
| ハンゴンソウ（P200） | | | | | 若葉 | | | | | | | |
| ミツバウツギ（P202） | | | | | 若芽 | | | | | | | |
| ミヤマイラクサ（P204） | | | | | 若茎 | | | | | | | |
| モミジガサ（P206） | | | | 若葉・若芽 | | | | | | | | |
| ヤブレガサ（P208） | | | | 若葉・若茎・若芽 | | | | | | | | |
| ヤマウコギ（P210） | | | | 若葉・若茎 | | | | | | | | |
| ヤマブキショウマ（P212） | | | | 若葉・若茎 | | | | | | | | |
| ヤマブドウ（P214） | | | | 若葉・若芽 | | | | | 果実 | | | |
| ヤマユリ（P216） | | 鱗茎 | | | | | | | | 鱗茎 | | |
| ユキザサ（P218） | | | | | 若芽 | | | | | | | |
| ヨブスマソウ（P220） | | | | 若葉・若茎・若芽 | | | | | | | | |
| リュウキンカ（P222） | | | | | 若葉・若茎・若芽 | | | | | | | |
| リョウブ（P224） | | | | | 若芽 | | | | | | | |
| ワサビ（P226） | | | | 全草 | | | | | | | | |
| ワラビ（P228） | | | | 若茎・若芽 | | | | | | | | |

## 海辺

| 山菜名 | 1 | 2 | 3 | 4 | 5 | 6 | 7 | 8 | 9 | 10 | 11 | 12 |
|---|---|---|---|---|---|---|---|---|---|---|---|---|
| アシタバ（P232） | → | | | 若葉・若茎・若芽 | | | | | → | | | → |
| イヌビワ（P234） | | | | 若葉・若芽 | | | | 果実 | | | | |
| クコ（P236） | | | | 若葉・若芽 | | | | | 果実 | | | |
| ツルナ（P238） | | | | | 若葉・若芽 | | | | | | | |
| ツワブキ（P240） | | | | 若葉・葉柄 | | | | | | | | |
| ハマダイコン（P242） | | | 若葉・若芽 | | | | | | | | | |
| ハマボウフウ（P244） | | | | 若葉・若芽 | | | | | | | | |
| ボタンボウフウ（P246） | | | | | | 若芽 | | | | | | |

# 山菜採りの教科書

## もくじ

山菜採りナビカレンダー ……………………………………… 2
フィールド別 写真もくじ ……………………………………… 6

### Part 1　山菜採りの基本
基本　1　「山菜」とはどういうものか ……………………… 14
基本　2　「毒草」とはどういうものか ……………………… 16
基本　3　山菜ツアーに参加してみよう …………………… 18
基本　4　山菜採りのルール・マナーと服装・道具 ……… 20
基本　5　山菜の見つけ方・探し方 ………………………… 22
基本　6　山菜の見分け方 …………………………………… 24
基本　7　山菜の上手な採り方と持ち帰り方 ……………… 26
基本　8　おいしく食べるための下ごしらえ ……………… 28
基本　9　上手なアクの抜き方 ……………………………… 29
基本 10　山菜の保存法ともどし方 ………………………… 32
基本 11　山菜料理の上手な楽しみ方 ……………………… 35

### Part 2　フィールド別 山菜図鑑
## 人里 …………………………………………………… 42
## 山地 …………………………………………………… 142
## 海辺 …………………………………………………… 230

植物の基礎知識 ………………………………………………… 248
50音順インデックス …………………………………………… 252
あとがき ………………………………………………………… 255

**注意！**
100％判別できない山菜は、絶対に口に入れないこと。また、山菜採りで山に入るときは、クマや毒虫などに要注意。

## フィールド別 写真もくじ

人里 49種

| | | |
|---|---|---|
| アカザ 44 | アカメガシワ 46 | アサツキ 48 |
| イタドリ 50 | オオバコ 52 | オランダガラシ（クレソン） 54 |
| カキドオシ 56 | カラスウリ 58 | カラスノエンドウ 60 | カンゾウ類（ヤブカンゾウ）62 |
| ギシギシ 64 | キランソウ 66 | キンミズヒキ 68 |

| クズ 70 | ゲンノショウコ 72 | コオニタビラコ 74 | サルトリイバラ 76 |
| サンショウ 78 | スイカズラ 80 | スイバ 82 |
| スギナ／ツクシ 84 | スベリヒユ 86 | セリ 88 |
| タチツボスミレ 90 | タネツケバナ 92 | タラノキ（タラノメ） 94 | タンポポ 96 |
| ツユクサ 98 | ナズナ 100 | ナンテンハギ 102 | ニワトコ 104 |

## フィールド別 写真もくじ

| | | | |
|---|---|---|---|
| ノゲシ 106 | ノビル 108 | ハハコグサ 110 | |
| ハリエンジュ 112 | ハリギリ 114 | ハルジオン 116 | フキ（フキノトウ）118 |
| ベニバナボロギク 120 | ホタルブクロ 122 | ホトトギス 124 | ミゾソバ 126 |
| ミツバ 128 | ヤマグワ 130 | ヤマノイモ 132 | ユキノシタ 134 |
| ヨメナ 136 | ヨモギ 138 | ワレモコウ 140 | |

山地
43種

アケビ　　　　　　144

アザミ類（オニアザミ）146

イワタバコ　　　　148

ウツボグサ　　　　150

ウド　　　　　　　152

ウバユリ　　　　　154

ウワバミソウ　　　156

ウワミズザクラ　　158

オオイタドリ　　　160

オオウバユリ　　　162

オオバギボウシ　　164

カタクリ　　　　　166

カラマツソウ　　　168

ギョウジャニンニク　170

クサソテツ（コゴミ）172

コシアブラ　　　　174

## フィールド別 写真もくじ

| | | | |
|---|---|---|---|
| コバギボウシ 176 | ゴマナ 178 | サワオグルマ 180 | シオデ 182 |
| ゼンマイ 184 | ソバナ 186 | ダイモンジソウ 188 | チシマザサ（ネマガリダケ）190 |
| ツリガネニンジン 192 | トリアシショウマ 194 | ニリンソウ 196 | |
| ハナイカダ 198 | ハンゴンソウ 200 | ミツバウツギ 202 | ミヤマイラクサ 204 |
| モミジガサ 206 | ヤブレガサ 208 | ヤマウコギ 210 | ヤマブキショウマ 212 |

| | | | |
|---|---|---|---|
| ヤマブドウ 214 | ヤマユリ 216 | ユキザサ 218 | ヨブスマソウ 220 |
| リュウキンカ 222 | リョウブ 224 | ワサビ 226 | ワラビ 228 |

## 海辺 8種

| | | |
|---|---|---|
| アシタバ 232 | イヌビワ 234 | |
| クコ 236 | ツルナ 238 | ツワブキ 240 |
| ハマダイコン 242 | ハマボウフウ 244 | ボタンボウフウ 246 |

# 本書の使い方

### ❶ 注・薬マーク
注 は食べるときに注意が必要な山菜、薬 は食用と薬用に使える山菜です。それぞれ、該当するときのみ、色がついています。

### ❷ 山菜名（標準和名）
植物学上の標準和名を、カタカナ、漢字で表記しています。山菜名の後ろに●があるものは、著者おすすめの山菜です。

### ❸ 採取時期
各山菜の食用部位の採取時期を表記しています。色はアイコンと対応しています。ただし、同じ時期に2つ以上重なる場合は、いずれかひとつの色で表記し、その上部に食用部位の名称を表記してあります。

### ❹ 食べられる部位アイコン
全草、若葉、花、若茎、若芽、その他（根や果実など）の6つです。当てはまる場合は色がつき、当てはまらない場合は薄いグレー色になります。色は採取時期と対応しています。

### ❺ 調理表
各山菜がどんな料理に合うのかを、27の調理法に分けて表記しています。色がついているものが、おすすめの調理法です。部位によって調理法が異なる場合は、表の下に明記してあります。

### ❻ アクの強さ ※目安
著者の判断で各山菜のアクの強さを★の数で表記しています。★の数が多いほどアクの強い山菜となります。

### ❼ 写真内マーク
若芽、若葉、花、実など、写真の山菜の状態をあらわしています。

### 本書の注意点
- Part2「フィールド別 山菜図鑑」は、フィールドごとに50音順に並んでいます。
- 採取時期や葉の色、花色、樹皮色などは、その株の生育状態や生育環境、地域などによって変化します。
- 山菜が採れる場所についてのご質問には、一切お答えできません。

# Part 1
# 山菜採りの基本

## 基本 ❶ 「山菜」とはどういうものか

### 畑でつくられる野菜も、先祖はすべて「山菜」だった

　わが国で野菜の栽培がはじめられるようになったのは、平安時代あたりからのこととされているが、それ以前は、すべての植物性食物を「野生の食草」に依存していたのであった。
　やがて、これらの中から、味のよいもの、食べでがあるもの、収穫量が多いもの、育てやすいものなどを選び、住居の近くに植えて「育てる」ようになったのが「栽培」のはじまりである。
　つまり、今日「野菜」として栽培されているものも、もとをたどせば、すべてが「山菜」であったということだ。そして、「育てる」ことがはじまった後も、比較的最近まで、育てるものと野生のものとの併用時代が続き、現在でもその名残りをとどめているのである。

### 野原のものを「野菜」、山地のものを「山菜」と呼んだ

　植物性食物を野生のものに頼っていた時代から、食用に供する草類はすべて「菜（な）」と呼ばれていた。
　そして、その「菜」のうち、セリ（P88）のように「水辺」に生えるものを「水菜（すいさい）」、ツクシ（スギナ→P84）やノビル（P108）のように「野原」に生えるものを「野菜（やさい）」と呼び、ウド（P152）やツリガネニンジン（P192）のように「山地」に生えるものを「山菜（さんさい）」などと呼び分けていたのである。
　つまり、「山菜」という呼び名は、もともとは食用野草のうちでも「山地」に生えるものを指す呼称だったのである。

　一方、栽培が広く普及してくると、栽培によってつくられた菜は、「圃場（畠）」で育てられるところから「圃菜（ほさい）」と呼び、同じ「菜」でも野で摘む「菜」とは区別して呼ばれることになったのである。
　ところが、その消費の多くを「圃菜」でまかなえるようになると、しだいに「野のもの」への依存度がうすれ、いつしか「水菜」「野菜」「山菜」という区別もなくなり、「野生のもの」をひとくくりにして「山菜」と呼ぶようになったのだった。
　これとともに、畠でつくられる「圃菜」のほうも、公には「蔬菜（そさい）」と呼ばれるようになるが、やがて民間ではしだいに「野菜」と呼ばれはじめ、いつしかこれが定着したのである。

## 季節感と風味や
## クセ味を楽しむもの

「山菜」と「野菜」との概念上の区別は前ページで述べたごとくだが、それでは「食材」としてみたときには、両者にはどのような違いがあるのだろうか。

まず、野菜というのは、永年の栽培や品種改良などによって、それが本来持ち合わせていたアクやクセ味が取り除かれて、常食しても飽きがきにくくなった食材である。

これに対して、山菜のほうは、姿かたちはもちろんのこと、味や香りも原始のままの状態で、アクやクセ味もむかしのままに残し持っている食材だ。

それが証拠に、キャベツやダイコンでも、栽培される野菜の場合には、365日毎日それを食べ続けてもほとんど飽きることがないが、山菜の場合には、セリやコゴミ（クサソテツ→P172）のように比較的アクの弱いものでも、3日も続けて食べると、その味に飽きてきて、そうそう長くは食べ続けることができないものである。

また、栽培技術が進歩した今日では、ほとんどの野菜がほぼ1年を通して入手できるのに対し、今なお太古からの自然の元でライフサイクルを繰り返している山菜は、それを利用できる時期がごく短期間に限定されるという違いもある。

したがって、山菜というのは、1年のうちのごく限られた時期に、その季節感と、それぞれの山菜が持っている特有の風味やクセ味を楽しむ食材、ということになるであろうか。

## 山菜は優れた
## 健康食品でもある

山菜の持つアクやクセ味の正体は、じつは体内の活性酸素を抑制して老化を防ぐはたらきがあるポリフェノールである。

ポリフェノールを多く含む山菜は、コゴミやウワバミソウ（P156）、ゼンマイ（P184）など。このほか、タラノメ（タラノキ→P94）やコシアブラ（P174）に含まれるニコチアナミンには高血圧の予防効果があり、タラノメやヤマウコギ（P210）には糖の吸収を抑えて糖尿病の予防効果がある成分が含まれることなども、近年の研究で明らかになってきた。

つまり、アクやクセ味を持つ山菜は、優れた健康食品でもあるということだ。

ただし、ポリフェノールは水溶性で、アク抜きで水にさらすと流出しやすいため、健康効果を期待して食べるときは、アク抜き不要で使える天ぷらなどで食べるとよい。

## 基本 ❷ 「毒草」とはどういうものか

### 山菜と間違えやすい毒草に注意

　野山に生える山菜を摘んで、季節感や野趣にあふれる味覚を口にするのは楽しいが、自然の草木の中には毒性を持つものもあるので、気をつけたい。

　代表的な毒草は、およそ40種類。何千種にのぼる日本の国土の植物の中では、ごく限られた少数派だが、ときには生命を落とす猛毒種もあるので、毒草に関する知識と用心も身につけておこう。

　とくに、山菜と間違えやすいものは、種類としてはそれほど多くはないものの、いずれも毒性の強いものが多いので注意しよう。

　また、毒性がそれほど強くないものでも、食べ過ぎたり、幼児や老人など体力の弱い人の場合には、思わぬ大ごとになりかねないことも知っておくことだ。

### おもな毒草一覧表

| 毒草名 | 科名 | 毒成分含有部位 | 含有する有毒成分 | 間違えやすい山菜 |
|---|---|---|---|---|
| クサノオウ | ケシ科 | 全草 | ヘリドニン、プロトピン、ベルベリン | 特になし |
| コマクサ | ケシ科 | 全草 | ディセントリン、プロトピン | 特になし |
| タケニグサ | ケシ科 | 全草 | プロトピン、サンギナリン | 特になし |
| ムラサキケマン | ケシ科 | 全草 | プロトピン | シャク |
| ヤマブキソウ | ケシ科 | 全草 | アルカロイド | 特になし |
| オキナグサ | キンポウゲ科 | 根 | アネモニン | 特になし |
| キツネノボタン | キンポウゲ科 | 全草 | プロトアネモニン | セリ (P88) |
| キンポウゲ | キンポウゲ科 | 全草 | プロトアネモニン | 特になし |
| センニンソウ | キンポウゲ科 | 茎葉 | アネモニン | 特になし |
| トリカブト（ヤマトリカブト） | キンポウゲ科 | 全草 | アコニチン、アコニン | ニリンソウ (P196) |
| フクジュソウ | キンポウゲ科 | 根茎 | シマリン、アドニン | フキノトウ（フキ→P118) |
| イヌホオズキ | ナス科 | 全草 | ソラニン | 特になし |
| ハシリドコロ | ナス科 | 根茎、葉 | スコポラミン、ヒヨスチアミン、アトロピン | アマドコロ |
| キツネノカミソリ | ヒガンバナ科 | 鱗茎 | リコリン | 特になし |
| スイセン | ヒガンバナ科 | 全草 | リコリン、タゼチン | アサツキ (P48)、ノビル (P108) |
| ハマユウ | ヒガンバナ科 | 鱗茎 | リコリン | 特になし |
| ヒガンバナ | ヒガンバナ科 | 鱗茎 | リコリン、リコレニン | アサツキ (P48) |
| アセビ | ツツジ科 | 葉 | アセボトキシン、アセボチン、アセボクエルシトリン | 特になし |

# 基本 ❷ 「毒草」とはどういうものか

若葉のころは、セリ（P88）と間違えやすい**キツネノボタン**。

若苗のころは、アマドコロと間違えやすい**ハシリドコロ**。

若苗のころは、オオバギボウシ（P164）と間違えやすい**コバイケイソウ**。

花芽をつける前は、ギョウジャニンニク（P170）と間違えやすい**スズラン**。

若芽のころは、フキノトウ（フキ→P118）とよく似ている**フクジュソウ**。

| 毒草名 | 科名 | 毒成分<br>含有部位 | 含有する有毒成分 | 間違えやすい山菜 |
|---|---|---|---|---|
| シャクナゲ | ツツジ科 | 葉 | ロドトキシン | 特になし |
| キョウチクトウ | キョウチクトウ科 | 葉、樹皮 | オレアンドリン、ネリオドレイン | 特になし |
| チョウジソウ | キョウチクトウ科 | 茎葉 | β-ヨヒンビン | 特になし |
| エンレイソウ | ユリ科 | 根茎 | 成分不詳 | 特になし |
| コバイケイソウ | ユリ科 | 根茎 | プロトベラトリン、ジアービン | ギボウシ類 |
| シュロソウ | ユリ科 | 根茎 | ジアービン、プロトベラトリン | オオバギボウシ（P164） |
| スズラン | ユリ科 | 全草 | コンバラトキシン、コンバラリン | ギョウジャニンニク（P170） |
| バイケイソウ | ユリ科 | 根茎 | プロトベラトリン、ジアービン | ギボウシ類 |
| エゴノキ | エゴノキ科 | 果実 | エゴノール、エゴサポゲノール | 特になし |
| トウダイグサ | トウダイグサ科 | 根茎、茎葉 | オイファディノール | 特になし |
| ナツトウダイ | トウダイグサ科 | 根茎、茎葉 | オイファディノール | 特になし |
| ドクウツギ | ドクウツギ科 | 全株 | コリアミルチン | 特になし |
| キツネノマゴ | キツネノマゴ科 | 全草 | ジャスチシン、ネオジャスチシン、ディフリン | 特になし |
| ドクゼリ | セリ科 | 全草 | シクトキシン | セリ（P88）、ワサビ（P226） |
| ウラシマソウ | サトイモ科 | 根茎 | シュウ酸カルシウムほか | 特になし |
| マムシグサ | サトイモ科 | 根茎 | シュウ酸カルシウムほか | 特になし |
| ミズバショウ | サトイモ科 | 全草 | イソキノリン系アルカロイド | 特になし |
| ヨウシュヤマゴボウ | ヤマゴボウ科 | 根 | フィトラクチン | 特になし |
| ヒョウタンボク | スイカズラ科 | 果実 | 成分不詳 | 特になし |
| ツリフネソウ | ツリフネソウ科 | 全草 | ヘリナール酸ほか | 特になし |

## 基本 ❸ 山菜ツアーに参加してみよう

### 山菜を覚えるには
### 山菜ツアーに参加するのが早道

　自然の野山を歩いて山菜採りを楽しみたいが、指導してもらえる人がいない、一緒に山菜採りに行ってくれる仲間がほしい、といった人たちがたくさんいるようだ。

　そういう人たちには、環境省の外郭団体である（財）休暇村協会が催す「山菜採りツアー」などに参加することをすすめたい。

　この休暇村の「山菜採りツアー」は、若い人から高齢者まで誰でも参加できるうえ、山菜に関するいろいろな知識や料理法まで教えてくれるので、初心者には好都合だろう。

　もちろん、自分で採った山菜は、保存法を教えてくれたうえで自由に持ち帰れる。

　休暇村の「山菜採りツアー」の募集などの詳細は、休暇村協会が発行する「倶楽部Q」の誌上か、休暇村のホームページなどをみてほしい。

裏磐梯高原での「山菜採りツアー」。山菜採り初体験の人も多い。

# 休暇村「裏磐梯」の山菜採りツアー タイムスケジュール（モデル）

## 基本 ③ 山菜ツアーに参加してみよう

### 第1日目

**13:00** 休暇村「裏磐梯」集合

**13:30** オリエンテーション

磐梯山をながめながら山菜採りへ出発。

**13:40** 山菜採り1回目（休暇村近辺）
採れる山菜（例）　ウド（P152）、ウワバミソウ（P156）、オオバギボウシ（P164）、コバギボウシ（P176）、ゴマナ（P178）、ハンゴンソウ（P200）、ヤマブドウ（P214）、ワラビ（P228）　など

〜

**16:00**

**18:00** 夕食

**19:30** 山菜教室
〜
**20:30**

講師の説明で山菜を探す。

### 第2日目

**7:00** 朝食

**9:00** 山菜採り2回目（桧原湖方面）
採れる山菜（例）　コシアブラ（P174）、ゴマナ（P178）、タラノメ（タラノキ→P94）、トリアシショウマ（P194）、ニワトコ（P104）、ネマガリダケ（チシマザサ→P190）、ハリギリ（P114）、ハンゴンソウ（P200）、フキノトウ（フキ→P118）、ヤマブキショウマ（P212）、リョウブ（P224）　など

〜

**12:00**

山菜を探して草やぶへ分け入る。

**12:00** 昼食

**13:00** 山菜採り3回目（曽原湖方面）
採れる山菜（例）　ウワバミソウ（P156）、エゾエンゴサク、ゴマナ（P178）、ニリンソウ（P196）、ワサビ（P226）、ワラビ（P228）　など

〜

**16:00**

**18:00** 夕食

### 第3日目

**7:00** 朝食

**8:30** 山菜採り4回目（休暇村キャンプ場周辺）
採れる山菜（例）　アサツキ（P48）、アザミ類（P146）、コバギボウシ（P176）、ノカンゾウ（カンゾウ類→P62）、ヤマブドウ（P214）　など

〜

**10:30**

ちょっと足を伸ばして滝を見物。

**11:00** キャンプ場で山菜料理教室と昼食

最終日は、キャンプ場で山菜料理教室。材料はもちろん、自分たちで摘んだ山菜だ。

〜

**12:30**

**13:00** 解散

## 基本 ❹ 山菜採りのルール・マナーと服装・道具

### 山菜採りのルールとマナー

山菜は、自然の野山に自生する植物だが、人工的、計画的に生産される野菜とは、その置かれた立場を根本的に異にするものだ。

それだけに、山菜採りを楽しむ者には、当然ながら心得ておかねばならないルールやマナーがあって、それを順守する義務があり、それを守れない人には山菜採りを楽しむ資格がないといって差し支えないだろう。

#### 山菜採りの心得

1. 国立公園の特別保護区のように、植物採取が禁止されている場所では採取しないこと
2. 各集落や森林組合などの共有地や財産区のように入山規制している区域へは立ち入ったり山菜の採取をしないこと
3. 山菜採りを生業とする地元の人が入山する地域では、その人たちと競合する山菜は採らないこと
4. 焚き火やタバコの火の後始末は十分に気をつけ、山火事の原因をつくらないこと
5. 空き缶、空き瓶、化学製品などのゴミは捨てずに必ず持ち帰ること
6. 山菜以外の植物をみだりに採取しないこと

採取するのは、カゴに入れて持ち帰れる範囲にとどめ、それ以上の乱獲は慎むこと。

入山禁止などの標識がある場所へは立ち入らないこと。

### 「長そでシャツに長ズボン」が山菜採りの正装

山菜採りの服装といっても、べつにそのための制服があるわけではない。ただ、季節やフィールドを問わず「長そでに長ズボン」を着用し、頭に帽子をかぶるのが「山菜採りの正装」である。つまり、肌の露出部分をできるだけ少なくするということだ。

なぜかといえば、山菜採りではやぶや林の中に入り込むことが多いため、肌を露出していると、草露で身体を濡らしたり、木の枝やトゲ、やぶ草、岩肌などで傷ついたりしやすいからだ。また、やぶや林内には蚊やブヨ、ハチ、ダニなどの害虫がおり、それらによる虫害から身を守る意味もある。

## 基本 ④ 山菜採りのルール・マナーと服装・道具

**首元**
首のまわりには、虫刺されやゴミの侵入を防ぐためにタオルを巻くとよい。

**帽子**
帽子は、広めのツバがあるものがよい。

**軍手**
木の枝やトゲから手を守るため、軍手をはめる。手のひら側がゴムなどになっているものがベター。

**上着・ズボン**
長そでシャツやズボンの素材は、ひじやひざの屈伸がラクで、撥水性に優れ、木の枝やトゲに負けない丈夫なものがよい。また、シャツやズボンのポケットは、動いているときに中身を紛失しないように、ボタンやファスナーでとめられるものがベター。

**靴**
靴は、防水性が高く、滑りにくい靴底で、くるぶしの上まで保護できる深めのものがよい。

### あると便利な山菜採りの道具

山菜採りに必要な道具としては、❶採った山菜を入れる容器、❷ナイフ類、❸用心のための道具類、などがあげられる。

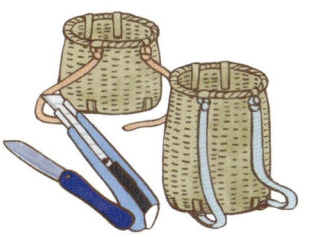

**❶ 山菜の容器**
山菜は蒸れに対して弱いため、通気性に優れた竹カゴなどに入れるのがベター。また、動いているときは常に両手を空けておくのが望ましく、背負ったり、腰に結びつけたりできるものがよい。

**❷ ナイフ類**
芽物や葉物を摘むときは必要ないが、根を掘ったり茎の太いものを採るときは、小型のポケットナイフやカッターナイフがあると便利。ハサミでもよい。

**❸ 用心のための道具**
雨具、懐中電灯、救急薬品、細い縄（ロープ）、地図、方位磁石、マッチなど、用心のための道具もザックに入れておこう。

## 基本 ⑤ 山菜の見つけ方・探し方

### 「山菜眼」を養おう

　同じコースを連れ立って歩いても、熟練した人と初心者とでは、その収穫量には大きな違いが出るものだ。

　これは、ひとことでいえば、山菜を見つける「眼」の違いによるものといってよい。「眼」とはいっても、視力の良し悪しというのではなく、それぞれの環境下での「眼のつけどころ」の違いという意味である。

　たとえば、ひと口に「里山の山菜」といっても、明るい場所を好むものもあれば暗いところを好むものもあり、また乾いた場所が好きなものもあれば、湿った場所が好きなものもある。

　したがって、山菜に精通した人は、今いる場所であればどういう山菜が見つかるか、また自分が採りたいと思う山菜を探すにはどういう場所へ行けばよいか、ということがよくわかっているために、その視点で山菜を探しているのである。

　山菜採りの仲間内では、このような「眼のつけどころ」のことを「山菜眼(さんさいめ)」と俗称するが、この「山菜眼」を養うことが山菜採り上達への早道だ。

**里山の草地**

里山の日当たりのよい草地にはいろいろな山菜が見られる。

**市街地の空き地**

市街地の空き地でも、ツクシ（スギナ→ P84）やタンポポ（P96）、ノビル（P108）など、里の山菜採りが楽しめる。

**明るい林の中を好む山菜**

アケビ（P144）、カタクリ（P166）、ミツバアケビ（アケビ→ P144）、ヤマユリ（P216）、ヨブスマソウ（P220）　など

**日当たりのよい草むらや道ぎわなど乾燥した場所を好む山菜**

アザミ類（P146）、イタドリ（P50）、エゾエンゴサク、オケラ、スミレサイシン、タラノメ（タラノキ→ P94）、ツリガネニンジン（P192）、ナンテンハギ（P102）、ノビル（P108）、ヨメナ（P136）、ワラビ（P228）　など

## 山菜の上手な見つけ方 3 か条

1. 斜面では、下から上へのぼりながら探す
2. 1本見つけたら、その周囲を重点的に探す
3. 1ヶ所に執着せず、たくさんのポイントを探し回る

### 林の中や沢沿いの木陰を好む山菜

コゴミ（クサソテツ→ P172）、コシアブラ（P174）、ゼンマイ（P184）、ネマガリダケ（チシマザサ→ P190）、ハリギリ（P114）、モミジガサ（P206）、ヤマウコギ（P210）、ヤマドリゼンマイ　など

**山地の渓流沿いの斜面**

谷ぎわの斜面にはいろいろな山菜がある。

**里山の斜面**

里山の日当たりのよい斜面には、ウド（P152）やワラビ（P228）が多い。

### 池沼や小川などの流水中を好む山菜

クレソン（オランダガラシ→ P54）、クログワイ、ジュンサイ、セリ（P88）、リュウキンカ（P222）　など

### 乾湿中間型の草地などを好む山菜

ウド（P152）、カラマツソウ（P168）、カンゾウ類（P62）、シオデ（P182）、トリアシショウマ（P194）、ニリンソウ（P196）、ハンゴンソウ（P200）、フキ（P118）、ミヤマイラクサ（P204）、ヤマブキショウマ（P212）、ユキザサ（P218）　など

**山地の渓流沿い**

山地の渓流沿いは、山菜の宝庫だ。

**海辺の草地**

海辺の草地には、海浜性の山菜がたくさんある。

### 湿った沢沿いを好む山菜

アオミズ、イワタバコ（P148）、ウワバミソウ（P156）、オオバギボウシ（P164）、コンロンソウ、ソバナ（P186）、ダイモンジソウ（P188）、ワサビ（P226）　など

**基本 ⑤　山菜の見つけ方・探し方**

## 基本 ❻ 山菜の見分け方

### 見分け方のコツ 1

#### 「茎」や「枝」で見分ける

茎や枝には、トゲがあったり、毛が生えていたりするなど、見分けのポイントとなる特徴があらわれやすい。また、茎をちぎると、白色や黄色の乳液を分泌するものもあり、これも見分けの重要なポイントになる。

トリアシショウマ（P194）には、褐色の毛が密生する。

ヤマブキショウマ（P212）の茎には毛がなく、滑らか。

茎にも葉にも、全体に白い刺毛が密生するミヤマイラクサ（P204）。

アシタバ（P232）は、茎を切ると硫黄色の乳液を分泌する。

ツリガネニンジン（P192）は、茎を切ると白い乳液を分泌する。

### 見分け方のコツ 2

#### 「樹皮」で見分ける

樹木の場合には、鋭いトゲがあったり、独特の裂け目や皮目があったりして、樹皮も見分けの大きなポイントとなる。ただし、同じ樹木でも、幼木、若木、成木、老木とで、樹皮に著しい違いがあるものもある。

全体に白っぽく見える、コシアブラ（P174）の樹皮。

タラノキ（P94）の樹皮には、鋭いトゲが密生する。

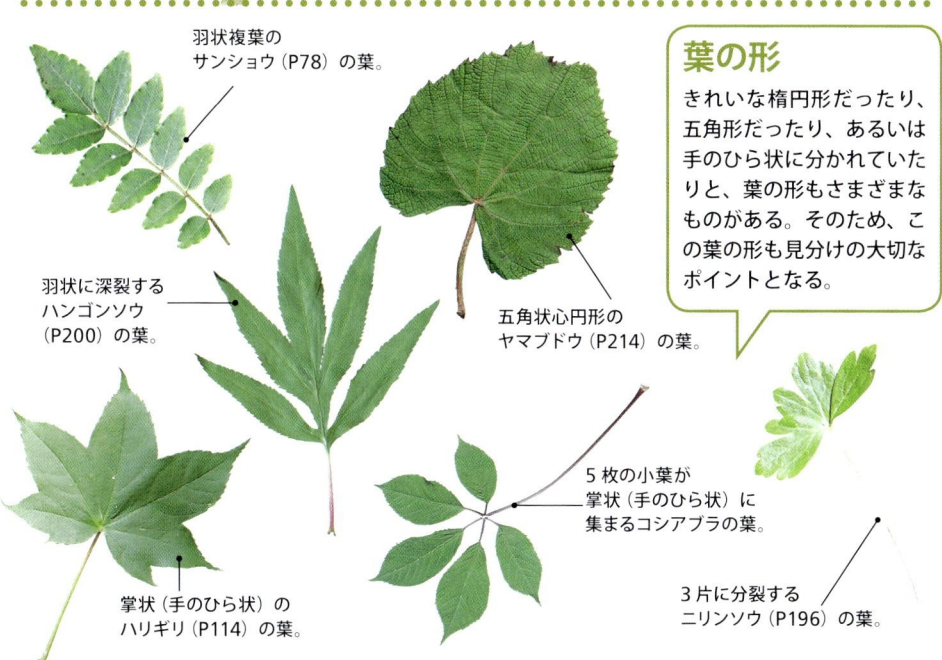

**見分け方のコツ3** 「葉」で見分ける

基本❻ 山菜の見分け方

## 葉の縁

細かく観察してみると、葉の縁は滑らかなものがあったり、鋸の歯のようにギザギザがあるものがあったりするために、種を見分ける重要なポイントとして利用できる。

葉の縁がすべて滑らか（全縁）なスイバ（P82）。

粗いギザギザがあるヨメナ（P136）。

掌状（手のひら状）に浅くくぼむユキノシタ（P134）。

粗くギザギザに切れ込むヨブスマソウ（P220）。

細かいギザギザがあるイワタバコ（P148）。

二重のギザギザがあるミツバ（P128）。

羽状複葉のサンショウ（P78）の葉。

## 葉の形

きれいな楕円形だったり、五角形だったり、あるいは手のひら状に分かれていたりと、葉の形もさまざまなものがある。そのため、この葉の形も見分けの大切なポイントとなる。

羽状に深裂するハンゴンソウ（P200）の葉。

五角状心円形のヤマブドウ（P214）の葉。

掌状（手のひら状）のハリギリ（P114）の葉。

5枚の小葉が掌状（手のひら状）に集まるコシアブラの葉。

3片に分裂するニリンソウ（P196）の葉。

## 基本 7　山菜の上手な採り方と持ち帰り方

### 採り方1　「若茎」を摘みとる

ワラビ（P228）でもゼンマイ（P184）でも、根元近くを親指と人さし指で挟み、少しずつ力を加えながらゆっくりと上のほうへしごいてみよう。すると、自然にちぎれるようにプチリと切れる部分があることに気がつくだろう。この自然に切れるところから先が、「やわらかくておいしい」部分なのだ。

**1** 根元近くを親指と人さし指でつまむ。

**2** 少しずつ力を加えて上方へしごく。

**3** 自然にプチリとちぎれる部分がある。

**4** ちぎれたところから先が、やわらかくておいしい。

### 採り方2　「枝先の若芽」を摘みとる

タラノキ（P94）やコシアブラ（P174）のような枝先につく若芽を採るときは、手のひら全体で枝先を包むように持ち、親指の腹を若芽の根元にあて、押し倒すようにすると、簡単に摘みとれる。

**1** コシアブラのように枝先につく若芽を見つけたら…。

**2** 親指の腹を若芽の根元に押しあてる。

**3** 親指に力を入れて、芽先を押し倒す。

## 採り方3　「若芽・若葉」を摘みとる

ナンテンハギ（P102）のような小さな草の芽や、イワタバコ（P148）、ダイモンジソウ（P188）のように長めの葉柄があるものは、親指と人さし指のツメを立てて、ツメで挟み切るようにしてやると、ほかの部分を傷めずに、芽や若葉だけ摘みとれる。

ヤマブドウ（P214）の若葉も爪先で挟み切る。

## 採り方4　「ネマガリダケ」をとる

ネマガリダケ（チシマザサ→P190）は、刃物を使わずに手の指で折りとるのが鉄則だ。ネマガリダケは、ほとんどどちらかの方向に傾いて生え出るため、指で反対方向に起こしてやると、簡単に折りとれる。

**1** ネマガリダケの傾いている側の根元に、手の親指をあてがう。

**2** 親指に力を入れて、タケノコを起こす。

**3** 反対側に押し倒すと、根元から折れる。

**4** 折ったタケノコを引き抜く。

## 上手な持ち帰り方

山菜は、蒸れや乾燥に弱いため、その両方に対応するためには、摘んだ山菜の汚れやゴミを落とし、水で湿らせた新聞紙で全体をくるんで持ち帰るとよい。

### ● 車で持ち帰るとき

発泡スチロールや段ボールの箱の底に濡らした新聞紙を敷いて、その上に山菜を並べ、その上からまた濡れた新聞紙をかぶせて山菜を並べる…というように、濡れ新聞紙と山菜をサンドイッチ状に重ねて持ち帰ると鮮度を保てる。山菜は、重量のあるものから順に入れていくのがよい。

### ● 電車で持ち帰るとき

山菜の汚れやゴミを落として濡れた新聞紙でくるんだら、新聞紙の包みごと大きめのビニール袋に入れ、空気をたっぷり吹き込んで袋の口を結んで持ち帰る。無理にザックなどに押し込まず、紙袋などに入れて持ち運ぶのがよい。

基本⑦　山菜の上手な採り方と持ち帰り方

## 基本 ⑧ おいしく食べるための下ごしらえ

　山菜は栽培される野菜類にはない、野生の風味やクセ味を楽しむものだ。
　そのためには、摘みとった山菜が持つ個性を損なわない状態で持ち帰るとともに、それを生かすための下ごしらえが必要となる。
　しかも、摘みとられた山菜は、時間の経過とともに食味・風味の劣化が進むため、その下ごしらえは、持ち帰ったその日のうちに済ませておくのがベターである。
　持ち帰った山菜は、まず新聞紙などの上に広げて大きなゴミや汚れなどを取り除くとともに、間違って毒草類が混入していないかどうかをもう一度チェックしておこう。
　それが終わったら、下の手順に従って手ぎわよく作業を行うようにしたい。

### 下ごしらえの手順

**1 種類ごとに仕分ける**
持ち帰った山菜は、アク抜きなどの工程がやりやすいように、種類ごとに別々の容器に入れて仕分けする。

まず種類ごとに選別する。

**2 水で洗う**
山菜を水洗いし、小さなゴミまでできるだけていねいに洗い落とす。この水洗いのとき、傷んでいるものや、ほかの雑草などが混じっていないかもう一度確認しよう。また、山菜の水洗いでは、洗剤は使わない。

水洗いで汚れやゴミを取り除く。

**3 水気を切る**
水洗いが終わった山菜は、ザルなどにとり、風に当てて水気を切る。

水洗いした山菜は、ザルなどにとって水を切る。

**4 水洗いの後**
持ち帰った山菜は、その日のうちにアク抜きしておくのが理想だが、その日のうちにできないときは、水洗いした山菜を濡れた新聞紙でくるみ、冷蔵庫の野菜室に入れておけば2日くらいは鮮度を保つことができる。

採った山菜は、その日のうちに下ごしらえするのがベター。

## 基本 ❾ 上手なアクの抜き方

　山菜の持ち味は、それぞれの山菜特有の風味やクセ味にあるが、その風味やクセ味の正体は、通常「アク」と呼ばれるもので、日本民族は、こうしたクセ味を「アク味」「キド味」「エグ味」などと呼んで楽しむ味覚を古くから育んできた。

　この「アク」というものは、強く残しすぎると食味を損なったり、食べにくくなってしまうが、かといって抜きすぎてしまったのでは、わざわざ山菜を食べる意味がなくなってしまう。そのため、強すぎず、弱すぎず、ほどほどに残るように調えてやることが必要で、そのために行うのが、「アク抜き」という処理である。

　ところが、山菜の種類によってアクの強さが異なるため、多くの山菜について適切な処理ができるようになるには、それなりの経験を重ねることが必要だ。

　そこで、本書では、アクの程度を「強・中・弱」の3段階に分け、それぞれのアクの抜き方を紹介しておくことにするが、すべてに共通する上手なアクの抜き方は、「口に含んで噛んでみて、少し苦みを感じる程度」に抜くことだ。

### 弱い ★～★★

大きめの鍋にたっぷりの湯を沸かし、沸騰したら塩ひとつまみ加える。この湯で軽くさっと茹でるが、やわらかい若葉や小さな芽先なら、さっと湯をくぐらせる程度でよく、茹ですぎないように注意したい。茹でたらすぐに冷水にとってさらすが、さらしすぎると風味を損なうので、すぐに(短時間で)水から上げ、水をよくしぼりとる。

**アクの弱い山菜**

オオバギボウシ(P164)、オオバコ(P52)、カンゾウ類(P62)、クレソン(オランダガラシ→P54)、コオニタビラコ(P74)、シオデ(P182)、ジュンサイ、スミレサイシン、セリ(P88)、ネマガリダケ(チシマザサ→P190)　など

### 中程度 ★★★～★★★★

大きめの鍋にたっぷりの湯を沸かし、沸騰したら塩ひとつまみ加えて山菜を入れる。茹で加減はしんなりする程度でよく、茹ですぎないように気をつける。
ただし、水さらしの時間は長めにとる。

**アクが中程度の山菜**

アシタバ(P232)、アマドコロ、ウド(P152)、オヤマボクチ、コシアブラ(P174)、ツリガネニンジン(P192)、ナンテンハギ(P102)、ハリギリ(P114)、モミジガサ(P206)、ヨブスマソウ(P220)　など

### 強い ★★★★★

ワラビのように、とくにアクの強い山菜の場合は、鍋などに山菜と水を入れ、そこに塩ひとつまみだけでなく、木灰(草木を焼いてつくった灰)か重曹(重炭酸ソーダ＝炭酸水素ナトリウム)を加えて沸騰するまで茹で(山菜の上に布をかけ、その上に木灰や重曹を振りかけて上から熱湯を注ぎ20～30分おくやり方もある)、60分～ひと晩程度、流水にさらしてアクを抜く。アケビの若芽、ハンゴンソウ、フキは、水さらしの時間を1時間以上はとったほうがよい。

**アクの強い山菜**

アケビ(P144)の若芽、ゼンマイ(P184)、ハンゴンソウ(P200)、フキ(P118)、ワラビ(P228)　など

※ ★の数は Part2「山菜図鑑」内の各山菜と対応しています
※ 同一の山菜でも、状態によってアク抜きの時間に多少の差異が生じることがあります

基本 ⑨ 上手なアクの抜き方

## アク抜きの基本工程（★〜★★★★）

1 大きめの鍋にたっぷりの湯を沸かし、塩ひとつまみを加える。

2 山菜を根や肉の厚い部分から先に湯に入れ、少し時間をおいてからすべて入れる。やわらかい若芽や小さな芽先なら、さっと湯をくぐらせるだけでよい。

流水量は、はじめ勢いよく出した後、少量ずつに。

3 茹でたら冷水にさらす。アクの弱い山菜（★〜★★）ならさっとさらすだけでよく、アクが中程度の山菜（★★★〜★★★★）は少し長めにさらす。

4 水さらしが終わったら、ザルにとって水気を切る。口に含んで噛んでみて、少し苦みを感じる程度がよい。

5 手でしぼってさらに水気を切る。

6 調理法に応じて、適当な大きさに切る。

※イラストの山菜はイメージです

## アクの強い山菜のアク抜き（★★★★★）　　アク抜き1

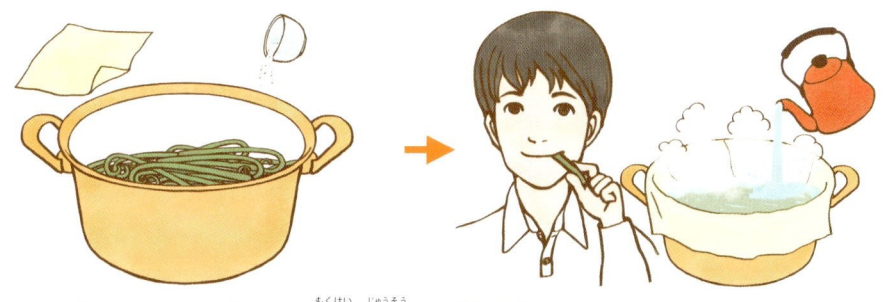

**1** 山菜を鍋に入れて上から布をかけ、木灰か重曹を加える。

**2** 木灰または重曹の上から熱湯をかけ、灰汁に浸す。口に含んで噛んでみて、少し苦みを感じる程度がよい。

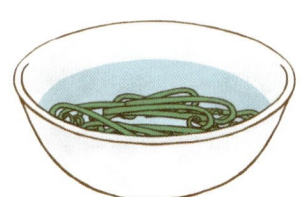

**3** 灰汁が冷めるまで浸しておいてから半日ほど水にさらす。流水量は、はじめ勢いよく出した後、少量ずつに。

山菜の上に布をかけ、その上に木灰をかけてもよい。

## アクの強い山菜のアク抜き（★★★★★）　　アク抜き2

**1** 鍋に山菜と水を入れ、塩ひとつまみをまんべんなく振りかける。

**2** 木灰または重曹を振りかけたら火にかけて茹でる。

**3** 沸騰したら火を止め、60分〜ひと晩、流水（勢いよく出した後少量ずつ）にさらす。

## 基本 ⑩ 山菜の保存法ともどし方

　ほとんどの山菜は、中〜長期の保存が可能なので、運よく多量の収穫に恵まれたときは、「水煮法」「塩蔵法」「乾燥法」「漬け物法」「冷凍法」のいずれかの方法で保存しておくとよい。

　なお、いずれの保存法の場合も、いい状態で保存するためには、できるだけ新鮮なうちに処理することが大切だ。

### ① 水煮法

風味を比較的損なわずに長期間保存するのに適した方法で、ほとんどの山菜が利用できる。基本的な手順は、アク抜き処理した山菜をビンの長さに合わせて切りそろえてから、広口ビン（うすいビンは×）に詰めて行う。

**適した山菜**
ウド（P152）、コゴミ（クサソテツ→P172）、ジュンサイ、タラノメ（タラノキ→P94）、ネマガリダケ（チシマザサ→P190）、ワサビ（P226）、ワラビ（P228）　など

**1** アク抜き処理した山菜をビンの大きさに切りそろえ、広口ビンに詰める。

**2** ビンに濃度10％程度の塩水を8分目まで注ぎ入れる。

**3** 箸でビンの中をかき混ぜ、気泡を抜く。

**4** 鍋などに水をはり、その中にビンを入れて、ビン内温度が80度以上になるまで加熱し、しばらくその状態を保つ（脱気処理）。

**5** ビンを取り出してすばやくフタをし、かたく閉める。ビンが熱くなっているので、軍手などをはめよう。

**6** フタをしたビンを再び鍋などに入れ、沸騰させて30分ほど殺菌処理をする（ビン内は脱気しているので割れることはない）。

## ② 塩蔵法

いわゆる塩漬け保存法のことで、ほとんどの山菜が利用できるほか、アク抜きせずにそのまま使えることや、収穫に応じて順次上方へ追加することができるなどの利点がある。ただし、風味がやや損なわれるのが欠点。

> **ポイント**
> 長期保存が目的のため、当座漬けと違って塩加減を気にせず、過飽和状態に保てるほど多めに塩を使うのがよい。

**1** 山菜をよく水洗いして、ゴミや汚れをとる。

**2** 洗った山菜をザルにとり、水気を十分に切る。

**3** 漬け物用の容器の底に、防腐効果のあるもの（フキの皮、竹皮、笹の葉など）を敷いて、粗塩を5mmほどの厚さに敷く。

**4** 底から塩→山菜→塩→山菜の順で、容器の上から8分目まで交互に詰める。

**5** 最後にたっぷり塩を振って上から押しぶたをのせ、その上に重石をおいておくと、1週間ほどで水が上がってくる。水が上がったら容器から出し、本漬けを行う。

**6** 5の山菜を再び漬け物容器に詰め、30％の塩水を容器の1/3ほど注ぎ、下漬けの1/2の重さの重石をのせて、冷暗所で保管する。

## 塩蔵した山菜のもどし方

### ● 基本

塩蔵品は、熱を加えると味落ちするため、冷水で抜くのが基本。たっぷりの水の中に入れ、半日〜ひと晩さらせば、ほとんどのものは塩抜きできる。急ぐときは、ぬるま湯に2時間ぐらい浸せば、ほぼ塩は抜ける。

### ● アクの強い山菜

塩の分量を多くしたものやアクの強い山菜の場合は、まず粗塩を水で洗い落としてから、材料の3倍の水に入れて火にかけ、ぬるま湯になったら少量の呼び塩（塩抜きに使用する塩）を加え、沸騰直前に火を止め、かき混ぜながら自然に冷ます。

塩抜きした山菜。

## 基本 ⑩ 山菜の保存法ともどし方

### ③ 乾燥法

天日や風に当てて乾燥させる自然乾燥法と、炭火の熱などで行う人工乾燥法とがあるが、家庭でやるなら自然乾燥が適している。茹でてアク抜きしてから用いるが、3～4日好天が続くときに短時間でカラッと干し上げるのがコツ。

ゼンマイの天日乾燥。

#### 手順とポイント

**手順**
① 山菜を水洗いし、塩ひとつまみ加えた熱湯で茹でる。
② ①の水気をよくふき取り、ゴザやムシロ、竹ザルなどに広げて、天日で干す。
③ 半乾きになったところで、数回手でよくもんでやるとよい。
④ よく乾燥したら、乾燥剤を入れた広口ビンや缶、ポリ袋などに入れて密封し、冷暗所におく。

**ポイント**
雨や夜露に当たると、風味を損なううえ保存性も悪くなるので、屋内に入れる。

#### 乾燥保存した山菜のもどし方

多めの水に半日～一昼夜さらし、調理前にさっと熱湯にとおす。ワラビやゼンマイは、水を入れた鍋に入れて火にかけ、ときどき箸で混ぜながら、煮立たせてからひと晩おくとよい。

#### 適した山菜

アザミ類(P146)、イワタバコ(P148)、カタクリ(P166)、ゼンマイ(P184)、ミヤマイラクサ(P204)、ワラビ(P228) など

### ④ 漬け物法

原理的には、「②塩蔵法(P33)」と同じだが、ここでは塩以外の材料で漬けるものをいう。漬け込みに用いる材料としては、味噌、酒粕、しょう油、酢などがある。

#### 適した山菜

| | |
|---|---|
| 味噌漬け | アザミ類(P146)の根、ゼンマイ(P184)、タンポポ(P96)の根、フキノトウ(フキ→P118)、ワラビ(P228) など |
| 酒粕漬け | ウド(P152)、フキ(P118)、ミヤマイラクサ(P204)、ワサビ(P226) など |
| しょう油漬け | アカザ(P44)の実(種子)、アサツキ(P48)の根(鱗茎)、ウワバミソウ(P156)のムカゴ、ノビル(P108)の根(鱗茎)、フキなど |

### ⑤ 冷凍法

分量が少ないときに便利な方法で、風味もそのまま保てるが、葉物には不適。一食分ずつ小分けにしてラップで包み冷凍しておくと使いやすい。

#### 冷凍保存に適した山菜

ウド(P152)、コゴミ(クサソテツ→P172)、ミヤマイラクサ(P204) など

#### 冷凍法の手順

① 塩ひとつまみ加えた熱湯で茹でる。
② 水気をよく切り、一食分ずつラップにくるんで冷凍庫に入れる。

コゴミ(クサソテツ)は冷凍保存が便利。

## 基本⑪ 山菜料理の上手な楽しみ方

　先にも述べたように、山菜を食べる楽しみは、野菜が失ってしまった季節感やクセ味を味わうことにある。
　したがって料理にあたって、その持ち味を生かすことを考えて調理することだ。

　また、地球上のどの民族も、すべて野生の食草を食べてきた歴史があり、その意味では、山菜はあらゆる民族の料理に利用できることを知っておくと、おのずからレパートリーも広くなる。

### 和風料理

七種類の味で楽しむ「和風山菜サラダ」。

「山菜料理」というと、どちらかといえば「田舎料理」「郷土料理」といったイメージで考えられやすいが、山菜という食材は、アク抜きの処理さえ適切に行えば、懐石料理にも立派に利用できるものだ。
したがって、ふだん使っている日常野菜と同じように、いろいろな料理に積極的に使ってみることをすすめたい。

### 中華風料理

具にたっぷり山菜を入れた「山菜春巻き」。

中華風料理の大きな特徴のひとつは、油を使った調理法が多く、油の使い方が巧みなことで、そもそもが山菜の食べ方として、この中華風の料理はまさにうってつけなのだ。なぜかといえば、山菜のアクは、高温の油や味噌を使うと、消失したり、減少したりして、アク抜きをすることなく使用できるからだ。

### 西洋料理

「ニジマスのムニエル スイバのグリーンソース添え」。添え菜はツルナ（P238）。

山菜が油と相性のよい食材であるということは、肉や魚とも相性がよいということである。
また、じっくりと煮込むシチューやスープはもちろんのこと、サラダの材料としても楽しめる山菜までいろいろあるので、自分の感性を頼りに積極的に試してみたい。

## 基本 ⑪ 山菜料理の上手な楽しみ方

オオバコのおひたし。

ネマガリダケの姿焼き。

## おひたし

それぞれの山菜が持つ素朴な香りや風味を味わうにはもっともふさわしい調理法で、若芽や若葉を利用する山菜のほとんどが、この調理法で楽しめる。

一般的には、塩ひとつまみ加えたたっぷりの熱湯でさっと茹で、すばやく冷水にとってさらし、シャキッとした歯切れにするのがコツ。

十分に水を切ってひと口大に切り、削りがつおと生醤油で食べたい。

**おすすめの山菜**

アケビ（P144）の若芽、アシタバ（P232）、オオバギボウシ（P164）、オオバコ（P52）、カタクリ（P166）、シオデ（P182）、セリ（P88）、ソバナ（P186）、ミツバ（P128）、ミヤマイラクサ（P204）、モミジガサ（P206）、ユキザサ（P218）、ヨブスマソウ（P220）、ワラビ（P228）

## 焼き物

数ある山菜の中でも、焼いて食べられるものはごくわずかだが、これらのものはいずれも食味絶品で、一度口にすると必ずやみつきになることうけあいである。

焼き方は、炭火の上に金網をのせてそのまま焼いたり、アルミホイルやフキの葉、ホオノキの葉（朴葉）などで包んで熱い灰の中、または魚焼きグリルなどで蒸し焼きにしたりし、焼き上がったら、塩、生味噌、生醤油などをつけて食べる。

**おすすめの山菜**

ウバユリ（P154）の根（鱗茎）、オオウバユリ（P162）の根（鱗茎）、タラノメ（タラノキ→P94）、ネマガリダケ（チシマザサ→P190）、ヤマユリ（P216）の根（鱗茎）

## 鍋物

鍋物というのは、基本的には冬場の料理で、山菜のシーズンとは重ならないが、野外料理では通年楽しむことができるので、機会があれば使ってみるとよい。

また、冬場に家庭で楽しむときは、塩蔵品や水煮保存したものを用いるとよいだろう。

鍋物に生の山菜を使うときは、生食できるものやアクの弱いものはそのまま使えるが、アクの強いものはアク抜きしてから用いることだ。

**おすすめの山菜**

アサツキ（P48）、アザミ類（P146）、アシタバ（P232）、ウド（P152）、カンゾウ類（P62）、ギボウシ類（P164・P176）、コゴミ（クサソテツ→P172）、ゴマナ（P178）、シオデ（P182）、セリ（P88）、ツリガネニンジン（P192）、ツルナ（P238）、ネマガリダケ（チシマザサ→P190）、ハルジオン（P116）、ホタルブクロ（P122）、ミツバ（P128）、ミヤマイラクサ（P204）、モミジガサ（P206）、ユキザサ（P218）、ヨブスマソウ（P220）、ワラビ（P228）

基本 ⑪ 山菜料理の上手な楽しみ方

タンポポの根と葉柄のきんぴら。

ギシギシの一夜漬け。

## 炒め物

　バターや油を使う炒め物も、天ぷらの場合と同様に、アク抜きすることなく利用できるが、ネマガリダケ（チシマザサ→P190）やウド（P152）のように肉厚のものは、火がとおりやすいように小さく切るか、茹でて熱をとおしてから用いるとよい。

　上手に仕上げるコツは、強火で手早く炒め、味つけを最後に行うこと。味つけは山菜の風味を生かすため薄めにするのがよい。

　エビやカニなどの魚介類や肉類ともよく合い、栄養的にもバランスのとれた料理となる。

**おすすめの山菜**

アシタバ（P232）、ギョウジャニンニク（P170）、シオデ（P182）、タンポポ（P96）、ネマガリダケ（チシマザサ→P190）、ミヤマイラクサ（P204）、ユキザサ（P218）

## 漬け物（当座漬け）

　山菜の漬け物としては、長期保存のための「保存漬け」と、短期保存用の「当座漬け」とがあり、「保存漬け」については「塩蔵法（P33）」「漬け物法（P34）」で述べたので、ここでは「当座漬け」について紹介しておくことにしよう。

　当座漬けに適する山菜は、下記のとおりだが、このうちギシギシ、ギボウシ類、クレソン（オランダガラシ）、スイバ、セリ、ミヤマイラクサ、モミジガサ、ワサビなどは生のままで用い、それ以外のものは茹でてアク抜きしてから用いるようにする。

　漬け方は、水洗いしてよく水を切り、全体に塩をまぶして容器に入れ、押しぶたの上に重石をしてひと晩おけば食べられる。

**おすすめの山菜**

アシタバ（P232）、ウド（P152）、ギシギシ（P64）、ギボウシ類（P164・P176）、クレソン（オランダガラシ→P54）、コゴミ（クサソテツ→P172）、スイバ（P82）、セリ（P88）、ナズナ（P100）、ミヤマイラクサ（P204）、モミジガサ（P206）、ヨメナ（P136）、ワサビ（P226）、ワラビ（P228）

## 生食

　多くの山菜は、アクがあることもあり生食できるものはそれほど多くはないが、それだけに生で食べられるものはぜひ生で食べ、野生の味を楽しんでみよう。

　食べ方は、生味噌をつけてそのまま食べたり、サラダや薬味などに用いることが多い。生で食べるときは、いずれも摘みとって鮮度が新しいうちに、よく水洗いして用いるようにする。

**おすすめの山菜**

アサツキ（P48）、イタドリ（P50）、イワタバコ（P148）、ウド（P152）、ギョウジャニンニク（P170）、クレソン（オランダガラシ→P54）、セリ（P88）、タンポポ（P96）、ノビル（P108）、ヤマノイモ（P132）、ワサビ（P226）

## 基本 ⑪ 山菜料理の上手な楽しみ方

ゼンマイの煮物（上）とおひたし（下）。

アサツキの根の三杯酢。

## 煮物

　煮しめ、煮びたし、ふくめ煮、炊き合わせ、ごった煮などの煮物類は、山菜を惣菜感覚で楽しむのに適した調理法で、摘みたての生だけでなく、塩蔵や乾燥などで保存しておいたものの利用法としても適している。

　煮物の場合には、山菜だけを単独で用いるのではなく、油揚げや厚揚げ、がんもどき、小魚類、凍豆腐、海藻、身欠きニシン、鶏肉などと炊き合わせるとよい。

> **おすすめの山菜**
>
> 煮しめ　アザミ類（P146）、ウド（P152）、ウワバミソウ（P156）、ゼンマイ（P184）、ツワブキ（P240）、ヤマウコギ（P210）、ワラビ（P228）
>
> ふくめ煮　オオバギボウシ（P164）、カタクリ（P166）、ギョウジャニンニク（P170）、コバギボウシ（P176）、ネマガリダケ（チシマザサ→P190）、モミジガサ（P206）、ヤブレガサ（P208）、ヨブスマソウ（P220）
>
> 煮びたし　イタドリ（P50）、ギシギシ（P64）、コオニタビラコ（P74）、コゴミ（クサソテツ→P172）、スベリヒユ（P86）、トリアシショウマ（P194）、ニワトコ（P104）、ヤマブキショウマ（P212）

## 酢の物

　山菜の姿かたちや色などを生かし、季節感を楽しむのに適した調理法で、ぬめりや酸味のあるもの、花などがよく合う。

　生食できるものや花はそのまま使い、それ以外のものはアク抜きしてから用いるが、花は酢を少量加えた熱湯にくぐらせてから用いるとよい。

　和える酢は、二杯酢、三杯酢、甘酢、梅酢など。二杯酢は酢としょう油を等量に、三杯酢は酢としょう油を等量か酢をやや少なめにし、これらに砂糖やハチミツを加えてだし汁、日本酒、みりんなどで割る。

　また甘酢は、酢と砂糖を等量ずつ混ぜ合わせ、これをだし汁や日本酒などで溶いて用いる。

> **おすすめの山菜**
>
> アサツキ（P48）、イタドリ（P50）、カンゾウ類（P62）、ギシギシ（P64）、スイバ（P82）、ツユクサ（P98）、ホトトギス（P124）

## つくだ煮

　煮物の一種だが、「つくだ煮」というときは、じっくりと煮詰めて濃いめに味をふくませ、保存性を高めたもので、常備菜として適している。

　よく煮込むため、芽物や葉物ではなく、茎や葉柄（ようへい）などのしっかりしたものが合う。

> **おすすめの山菜**
>
> ギョウジャニンニク（P170）、サンショウ（P78）、スギナ（P84）、ツワブキ（P240）、フキ・フキノトウ（P118）、ボタンボウフウ（P246）、リョウブ（P224）

**基本⑪ 山菜料理の上手な楽しみ方**

ノビルとアオヤギの酢味噌和え。

ネマガリダケと厚揚げのみそ汁。山形県・庄内地方では、これを「月山汁」という。

## 和え物

「おひたし」と同様に、山菜の素朴な風味を味わうのにふさわしい調理法で、どの山菜も利用できる。

ウドのように生食できるものは生で、それ以外のものは茹でてアクを抜いてから用いるが、いずれも水気をよく切ってから使うのがコツ。

和え衣には、ゴマ、クルミ、味噌、酢味噌、辛子、ワサビ、マヨネーズ、豆腐、大根おろし、卯の花、納豆、ピーナッツ、塩辛、ウニなど、いろいろなものが利用でき、同一の山菜を複数の味で楽しむこともできる。

また、脂肪やタンパク質の多い衣と和えることで、栄養的にもバランスのとれた優れた料理となる。

**おすすめの山菜**

アザミ類（P146、豆腐・マヨネーズなど）、オオバギボウシ（P164、酢味噌・マヨネーズなど）、コゴミ（クサソテツ→P172、ゴマ・クルミ・辛子・マヨネーズなど）、シオデ（P182、豆腐、マヨネーズなど）、ノビル（P108、酢味噌）、ミヤマイラクサ（P204、クルミ・辛子・ゴマ・酢味噌・マヨネーズなど）、モミジガサ（P206、ゴマ・酢味噌・辛子など）

## 汁の実

すまし汁には、生食できるものやアクの少ないやわらかなものがよく、カタクリやシュンランのように花を食べるものや、ジュンサイのようにぬめりの強いものなどは椀種としても利用できる。

みそ汁には、ほとんどの山菜が利用できるが、アクの弱いものは生のままで、アクの中～強のものはアク抜きしてから用いたい。

また、豚汁やけんちん汁、冷や汁などの汁物の具として利用できるものも少なくないので、各自が工夫して試してみよう。

**おすすめの山菜**

すまし汁　アサツキ（P48）、イワタバコ（P148）、ウド（P152）、オオバギボウシ（P164）、カタクリ（P166）、コバギボウシ（P176）、セリ（P88）、ツルナ（P238）、ミツバ（P128）、ユキザサ（P218）、ワサビ（P226）

みそ汁　ウド（P152）、ウワバミソウ（P156）、コシアブラ（P174）、セリ（P88）、ソバナ（P186）、ツリガネニンジン（P192）、ナズナ（P100）、ネマガリダケ（チシマザサ→P190）、ノビル（P108）、フキ・フキノトウ（P118）、モミジガサ（P206）、ヨブスマソウ（P220）

## 基本 ⑪ 山菜料理の上手な楽しみ方

山菜の天ぷら。❶ハハコグサ／❷ミツバ／❸ツルナ／❹クレソン（オランダガラシ）／❺シソ／❼アシタバ／❽ニワトコ／❾セリ

菜めし。❶ツリガネニンジン／❷アケビ／❸ヨメナ／❹ナズナ／❺クコ

## 天ぷら

「食べ方がわからないものは天ぷらにしろ」といわれるほど便利な調理法だが、ほとんどの山菜が利用できるうえ、高温の油を用いるためアク抜きの必要がないところから、山菜料理でもっとも多用される食べ方となっている。

ただし、油で揚げるところから、個々の山菜の持ち味が損なわれやすいという欠点がある。

上手な揚げ方は、冷水でうすめに溶いた衣を片面（裏面）だけにつけ、山菜の姿や色が残るように170℃前後の油でうっすらと色づく程度にカラリと揚げること。

揚げた天ぷらは、塩をパラリと振って食べたい。

### おすすめの山菜

カンゾウ類（P62）、コゴミ（クサソテツ→P172）、コシアブラ（P174）、ゴマナ（P178）、タラノメ（タラノキ→P94）、ニワトコ（P104）、ネマガリダケ（チシマザサ→P190）、ハリギリ（P114）、フキノトウ（フキ→P118）、ユキザサ（P218）

※クズ（P70）などの花の天ぷらも楽しい

## 山菜ご飯・菜めし

山菜をごはんに炊き込んで、野の香りや風味を味わうのも楽しい。

山菜を利用したご飯物には、山菜ご飯と菜めしとがあるが、山菜ご飯とは山菜を具にした炊き込みご飯のこと。一方の菜めしとは、炊き上げた白飯に山菜の青菜を刻んで混ぜるものをいい、塩味混ぜご飯のひとつ。

また、七草粥のように、粥に入れて炊き込んだり、雑炊にして楽しむこともできる。

### おすすめの山菜

アケビ（P144）の芽、クコ（P236）、コオニタビラコ（P74）、セリ（P88）、ツクシ（スギナ→P84）、ツリガネニンジン（P192）、ナズナ（P100）、ネマガリダケ（チシマザサ→P190）、ハハコグサ（P110）、フキ（P118）、ヤマウコギ（P210）、ヨメナ（P136）、リョウブ（P224）

## Part 2
# フィールド別 山菜図鑑

# 人里

ハリギリ
→P114

人里というのは、
人家が密集する市街地から、畑や田んぼ、
そして地域の住人が日常的な生活活動として
足を運ぶ郊外の里山までを含めたフィールドをいう。
したがって、それに該当するエリアは広く、
そこに生育する山菜の種類もいちばん多い。

フキノトウ（フキ）
→P118

タラノメ
（タラノキ）
→P94

ヤブカンゾウ
（カンゾウ類）
→P62

ナンテンハギ
→P102

| 注 | 薬 | | 採取時期 | 1 | 2 | 3 | **4** | **5** | **6** | 7 | 8 | **9** | **10** | **11** | 12 |

●──若葉・若茎──● ●──実（種子）──●

# アカザ［藜］

**学名**：*Chenopodium album var. centrorubrum*
**分類**：アカザ科アカザ属
**別名**：アカアサ、ウマナズナ、サトナズナ、シロザなど

［食べられる部位］全草／若葉／花／若茎／若芽／その他 実（種子）

## 生態
荒れ地、畑地から路傍まで、広く自生する1年草。若葉の茎寄りの部分が赤色の粉状物質で被われるのが最大の特徴。この粉が白いものを「シロザ」と呼ぶが、利用上は同一に扱ってさしつかえない。日本全土に分布。

## 特徴
- **形状**：茎は五角形ではっきりしたすじがあり、直立して2m近い草丈になる。
- **葉**：やや丸みを帯びたひし形で、縁には不規則な粗い切れ込みがあり、長い柄で互生（ごせい）する。
- **花期**：9～10月ごろ、枝先の葉のわきに、黄緑色の細かな花を穂状（すいじょう）にかたまってつける。
- **その他**：植物学的には、アカザもシロザも同種の植物で、シロザが原種、アカザはシロザの一変種とされており、両者の中間型もまれに見られる。

## 見極め＆採り方のコツ
**若葉が赤い粉をかぶる**
やわらかな茎先を親指と人さし指の爪を立てて摘みとる。爪が立たないかたい部分は食べてもおいしくないので、爪で摘める部分から上部だけを利用したい。

## 調理法

| おひたし | サラダ | きんぴら | 和え物 | 生食 | きんとん | 煮物 |
| 酢の物 | 餅草 | つくだ煮 | 汁の実 | 卵とじ | 煮びたし | 薬味 |
| 鍋物 | 天ぷら | 漬け物 | 焼き物 | 素揚げ | 菜めし | 蒸し物 |
| 炒め物 | おかゆ | とろろ | そば・うどん | | ラーメン | スパゲティ |

※ 実（種子）は酢の物・しょう油漬け

| アクの強さ | ★ |

アクは弱く、ふつうの青菜と同じように使えるが、葉についている赤または白い粉をよく洗い落としてから茹でること。また、大量に食べると、体質によって皮ふが赤く腫れることがあるので、注意したい。

### シロザ（若葉）

表：縁には不規則な粗い切れ込みがある。／脈が少しへこむ。
裏：裏面は緑白色。／長い柄がある。／葉脈が少し突出する。

**アカザ（若葉）**

若葉の表面に赤い粉をかぶるのがアカザ。

**シロザ**

白い粉をかぶるのがシロザ。アカザもシロザも同一種。

**花**

アカザの花。

**実（種子）**

アカザの実（種子）。実も食べられる。

若い葉を食用にする。

人里

# アカメガシワ ［赤芽槲］

採取時期：3～4（若芽）

学名：*Mallotus japonicus*
分類：トウダイグサ科アカメガシワ属
別名：ゴサイバ、サイモリバ

[食べられる部位]：若芽

## 生態
山野の明るい雑木林や崩壊地、伐採地などに生える落葉高木で、本州、四国、九州、沖縄に分布する。新芽が赤色で、「カシワ」の葉と同様に食物を包むのに用いたのが和名の由来。

## 特徴
- 形状：幹は直立したり、斜め上に伸びたりし、下部から枝を分けて逆三角形の樹冠（上部の枝や葉が茂っている部分）をつくりやすい。高さ5～15m内外、幹の径30～50cm内外になる。樹皮は灰褐色で、浅い縦の割れ目がある。若い枝は灰色で、毛が密生する。
- 葉：長さ5～20cm内外の長い柄があり、互生する。葉身は、長さ10～18cm内外、幅5～15cm内外の倒卵状円形で、先端が長めに尖り、基部は円形、縁は滑らか（全縁）。葉の先がしばしば3浅裂する。名前のように、新芽は鮮やかな赤色で美しい。
- 花期：雌雄異株。6～7月ごろ、枝先に長さ7～20cm内外の円錐花序を出し、花弁を持たない淡黄色の小さな花をたくさんつける。
- 果実：径8mm内外の扁球形の蒴果で、9～10月ごろ褐色に熟す。熟した後に乾燥すると3～4裂し、黒色の扁球形の種子を3～4個出す。

## 見極め＆採り方のコツ
**鮮やかな赤色で美しい新芽**
やわらかな若芽を爪で切りとる。

下部から枝を分けて、5～15m内外の高さになる。

樹皮は灰褐色で、縦に浅い割れ目ができる。

## 成葉

**表**

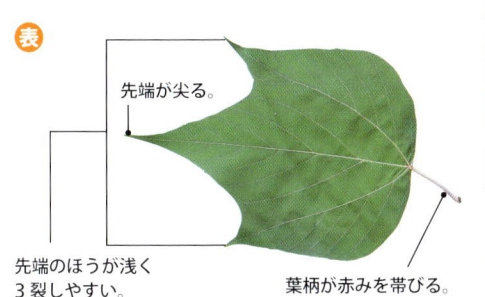

- 先端が尖る。
- 先端のほうが浅く3裂しやすい。
- 葉柄が赤みを帯びる。

**裏**

- 裏面は緑白色。
- 葉脈が突出する。

## 調理法

| おひたし | サラダ | きんぴら | 和え物 | 生食 | きんとん | 酢漬 |
| 炒り物 | 葉茶 | つくだ煮 | 汁の実 | 串とじ | 油びたし | 煮物 |
| 焼く | 天ぷら | 刺身 | 揚え物 | 果実酒 | 炒め | 混ぜご飯 |
| 炒め物 | おかゆ | とろろ | そば・うどん | ラーメン | ピザ |

**アクの強さ** ★★★

アクがやや強いので、塩ひとつまみ加えた熱湯で茹でてから、水さらしの時間を少し長めにしてアクを抜く。

成葉で食物を包んでおくと、防腐効果があり、傷みにくい。また、食器(皿)がわりに利用することもできる。

**薬用** 葉と樹皮を天日乾燥し、胃潰瘍や胆石症に煎じて服用する。

人里

**新芽**
名前のとおり、新芽は赤色で美しい。

**葉**
葉先が浅く3裂しやすい。

**雄花**
アカメガシワの雄花。

**雌花**
アカメガシワの雌花。

| 注 | 薬 | | | | | | | | | | | | |
|---|---|---|---|---|---|---|---|---|---|---|---|---|---|
| | | 採取時期 | 1 | 2 | 3 | 4 | 5 | 6 | 7 | 8 | 9 | 10 | 11 | 12 |

若葉・鱗茎 →

# アサツキ ［浅葱］

**名人おすすめ！**

[食べられる部位] 全草／若葉／花／若茎／若芽／その他／鱗茎

学名：*Allium schoenoprasum*
分類：ユリ科ネギ属
別名：アサヅキ、イトネギ、ウシビル、キモト、センボンワケギなど

## 生態
山地の流水ぎわや畑地、海岸の岩場や草地などに生える多年草。北海道、本州、四国に分布する。

## 特徴
- **形状**：地中にラッキョウ形の鱗茎(りんけい)があり、「ネギ」に似た円柱状の細い葉を2〜3枚出す。
- **葉**：長さ15〜40cm内外、径3〜5mm内外の円柱形で、断面は円形。
- **花期**：5〜7月ごろ、長さ30〜50cm内外の花茎(かけい)を伸ばし、茎先の半球状散形花序に帯紫紅色の小さな花を密につける。
- **その他**：全草に強いネギ臭がある。

## 見極め＆採り方のコツ
**細いネギ状の葉と強いネギ臭**

春のやわらかな若葉を鱗茎ごと掘りとるが、鱗茎はあまり深くないため、切れずに引き抜きやすい。「ノビル」に似るが、ノビルは葉の断面が三日月形で、鱗茎が類球形。また、近縁に「ヤマラッキョウ」や「シロウマアサツキ」などがあり、これらも本種と同様に利用できる。

## 調理法

| おひたし | サラダ | きんぴら | 和え物 | 生食 | きんとん | 煮物 |
|---|---|---|---|---|---|---|
| 酢の物 | 酢草 | つくだ煮 | 汁の実 | 卵とじ | 煮けたし | 薬味 |
| 鍋物 | 天ぷら | 漬け物 | 焼き物 | 揚げ | 菜めし | 蒸し物 |
| 炒め物 | おかゆ | とろろ | そば・うどん | ラーメン | スパゲティ | |

※酢の物は鱗茎のみ

| アクの強さ | ★ |
|---|---|

熱湯をくぐらせる程度でよい。

鱗茎はラッキョウ形をしている。

**雄花**

根ぎわから株ごと引き抜くと、鱗茎もちぎれずに抜ける。

LINK P108 ノビル

人里

若葉

細いネギ状の円柱形の葉を伸ばす。

20〜30株が集まって小さな群れをつくる。

花

帯紫紅色の小さな花を半球状に集めてつける。

# イタドリ［虎杖］

**採取時期**　1　2　**3**　**4**　**5**　6　7　8　9　10　11　12
←若葉・若茎→

名人おすすめ！

[食べられる部位]　全草／若葉／花／若茎／若芽／その他

学名：*Polygonum cuspidatum*
分類：タデ科タデ属
別名：イタスイコ、ゴジョウ、スイカンボ、スッポン、タチビなど

## 生態
日当たりのよい荒れ地、路傍(ろぼう)、土手などに群生する多年草。全国に分布する。

## 特徴
- **形状**：早春にタケノコ状の新芽を出す。生長につれて斜めに立ち上がって大型の葉を広げ、1mを超える草丈になる。
- **葉**：細めの茎に、長さ6〜15cm内外の広卵形の大型の葉が互生(ごせい)する。
- **花期**：雌雄異株(しゆういしゆ)。7〜10月ごろ、各枝の節に白色〜淡紅色の小さな花を房状につける。
- **その他**：近縁に「ケイタドリ」「ハチジョウイタドリ」「オオイタドリ」などがあり、いずれも同様に食用できる。

## 見極め＆採り方のコツ
**タケノコ状の若茎**
タケノコ状に伸びた若茎を利用するが、太くて短いものを選び、基部からポキリと折りとるか、ナイフで切りとるとよい。

## 調理法

| おひたし | サラダ | きんぴら | 和え物 | 生食 | きんとん | 煮物 |
|---|---|---|---|---|---|---|
| 酢の物 | 餅草 | つくだ煮 | 汁の実 | 卵とじ | 煮びたし | 薬味 |
| 鍋物 | 天ぷら | 漬け物 | 焼き物 | 素揚げ | 菜めし | 蒸し物 |
| 炒め物 | おかゆ | とろろ | そば・うどん | | ラーメン | スパゲティ |

| アクの強さ | ★ |
|---|---|

アクは弱く、生食もできるが、シュウ酸を含むため、食べ過ぎや続けて食べることは避けたほうがよい。

**薬用**　根を天日乾燥し、利尿(りにょう)、淋病(りんびょう)などに煎じて服用する。

### 成葉
- 先端が尖る。
- 縁は粗い波状。
- 裏面は緑白色。
- 葉尻が水平になる。
- 葉柄と主脈が赤みを帯びやすい。
- 主脈がやや突出する。

表／裏

### 若苗
赤紫色をしたイタドリの若苗。

LINK　P160 オオイタドリ

できるだけ太いものを採る。

日当たりのよい荒れ地に群生しやすい。

花

イタドリの花。

人里

| 注 | 薬 | | 採取時期 | 1 | 2 | 3 | **4** | **5** | **6** | 7 | 8 | 9 | 10 | 11 | 12 |

若葉: 4〜6

# オオバコ [大葉子、車前草]

[食べられる部位] 若葉

**学名**：*Plantago asiatica*
**分類**：オオバコ科オオバコ属
**別名**：オンバコ、カエルバ、ギャーロッパ、マルバ、マルバグサなど

## 生態
野原、空き地、路傍などにふつうに生える多年草。日本全土に分布。

## 特徴
- **形状**：すべて根生葉で茎がなく、放射状に葉を広げて株をつくる。
- **葉**：広卵形で、葉とほぼ同じ長さの葉柄がある。葉身には数本の太い葉脈が縦に走り、ちぎりとると、この葉脈が糸のように抜け出る。
- **花期**：4〜9月ごろ、長さ10〜20cm内外の花茎をひと株から何本も立て、白い細かな花を穂状にたくさんつける。
- **その他**：車の轍（車の通った跡）に沿って群生しやすいことから、漢名では「車前草」と呼ぶ。

## 見極め＆採り方のコツ
**幅広の広楕円形の葉**
株の中心部のやわらかな葉を選び、葉柄ごと根ぎわから摘みとる。

## 調理法
| おひたし | サラダ | きんぴら | 和え物 | 生食 | きんとん | 煮物 |
|---|---|---|---|---|---|---|
| 酢の物 | 餅草 | つくだ煮 | 汁の実 | 卵とじ | 煮びたし | 薬味 |
| 鍋物 | 天ぷら | 漬け物 | 焼き物 | 素揚げ | 菜めし | 蒸し物 |
| 炒め物 | おかゆ | とろろ | そば・うどん | | ラーメン | スパゲティ |

| アクの強さ | ★ |

アクは弱いが、やや厚みがあるため、少し長めに茹でるとよい。

**薬用**：種子および全草を天日乾燥し、種子は下痢止め、膀胱炎などに、全草は胃弱、眼の充血などに、ともに煎じて服用する。

若葉を摘んで食べる。

オオバコの実。

人里

**成葉**

先端は鈍頭。

縁は、上半分はほぼ滑らか（全縁）だが、下半分には粗い波状の刻みがある。

表

数本の太い葉脈が縦に走る。

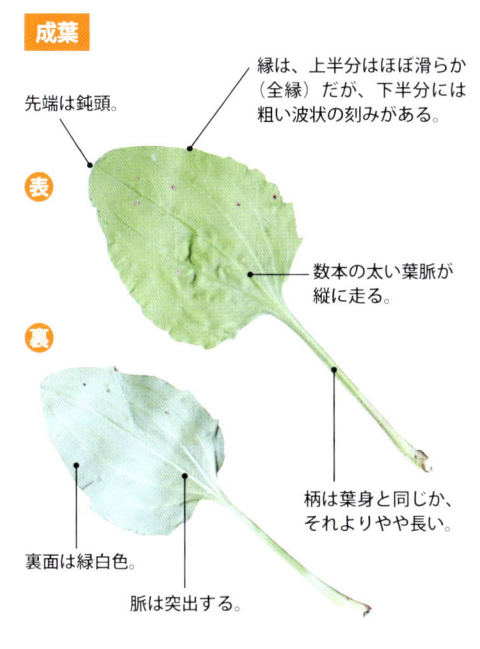

裏

柄は葉身と同じか、それよりやや長い。

裏面は緑白色。

脈は突出する。

道端の両脇に生え連なるところから「車前草」とも呼ばれる。

野原や空き地に群生する。葉の間から立っているのはオオバコの花。

注 薬

| 採取時期 | 1 | 2 | 3 | 4 | 5 | 6 | 7 | 8 | 9 | 10 | 11 | 12 |
|---|---|---|---|---|---|---|---|---|---|---|---|---|
| | | | | | 若葉・若茎 | | | | | | | |

# オランダガラシ [和蘭陀芥子] (クレソン)

**名人おすすめ！**

[食べられる部位] 若葉／若茎

**学名**:*Nasturtium officinale*
**分類**:アブラナ科オランダガラシ属
**別名**:オランダミズガラシ、クレソン、タロナ、バンカゼリ、ミズガラシなど

## 生態

ヨーロッパ原産の多年草で、水のきれいな川や池沼に群生する。日本には明治初期に肉料理のつまとして輸入され、捨てられた根が川で着生。以後、鳥などに運ばれて広がり、現在ではほぼ全国に野生化している。

## 特徴

- **形状**:茎の下部は、水中もしくは土中を這って各節から白いひげ根を出し、上部の茎は斜めに立ち上がって、30～50cm内外の草丈になる。
- **葉**:3～9枚の小葉からなる羽状複葉で、互生する。頂小葉（中央の小葉）は長さ2～3cm内外、幅1.5～2.5cm内外で、ほかの小葉より大きい。
- **花期**:4～6月ごろ、茎先に白い小さな十字形花を総状にたくさんつける。
- **その他**:花の後、長さ1～2cm内外の長角果を結ぶ。

## 見極め＆採り方のコツ

**各節から白いひげ根を伸ばす茎**
やわらかな茎先を摘みとる。力任せに引くと根が抜けやすいので気をつけたい。

## 調理法

| おひたし | サラダ | きんぴら | 和え物 | 生食 | きんとん | 煮物 |
|---|---|---|---|---|---|---|
| 酢の物 | 餅草 | つくだ煮 | 汁の実 | 卵とじ | 煮びたし | 薬味 |
| 鍋物 | 天ぷら | 漬け物 | 焼き物 | 素揚げ | 菜めし | 蒸し物 |
| 炒め物 | おかゆ | とろろ | そば・うどん | | ラーメン | スパゲティ |

※ ほかに肉料理のつま

| アクの強さ | ★ |
|---|---|

アク抜きする必要はない。

水のきれいな川などに生える。

**葉**

葉は羽状複葉で互生する。

**成葉** 3〜9枚の小葉からなる羽状複葉

**表**
- 先端はまるい。
- 頂小葉がもっとも大きい。
- 縁が粗く波打つ。
- 表面には光沢がある。

**裏**
- 裏面は緑白色。
- 脈ははっきりあらわれるが、あまり突出しない。

**花**

オランダガラシの花。

やわらかな茎先を摘みとる。

注 | 薬

採取時期 ←若葉・花・若茎→ **3 4 5 6**

# カキドオシ ［垣通、連銭草］

**学名**：*Glechoma hederacea var. grandis*
**分類**：シソ科カキドオシ属
**別名**：カベトオシ、カントリソウ、チドメグサ、ヤマスミレなど

［食べられる部位］ 若葉、花、若茎

## 生態
日当たりのよい草むら、やぶ、土手、路傍などに生えるつる性の多年草で、北海道、本州、四国、九州に分布する。

## 特徴
- **形状**：茎は、最初は直立して5～25cm内外の高さになり、のち地を這ってつる状に伸び、各節から根を出す。
- **葉**：やや幅広の円形で、縁には粗いギザギザ（鋸歯）があり、長い柄があって対生する。
- **花期**：4～5月ごろ、葉のわきに1～3個ずつ淡赤紫色の唇弁花をつける。唇弁花の下唇は大きく、内側に紫色の斑点がある。
- **その他**：まるい葉が対生して連なる様子が銭を連ねたように見えるところから、漢名では「連銭草」と呼ぶ。

## 見極め＆採り方のコツ
**縁に粗いギザギザがある円形の葉**
茎が立っているものを選び、やわらかな部分を花ごと茎から摘みとる。

## 調理法
サラダ、和え物、天ぷら

**アクの強さ** ★★

塩ひとつまみ加えた熱湯で5分間ほど茹で、冷水にとって10分間ほどさらしてから使用する。

若茎

**薬用**：花期の全草を陰干しし、子どもの疳や強壮、泌尿器疾患などに煎じて服用する。

成長につれて地を這い、つる状に伸びる。

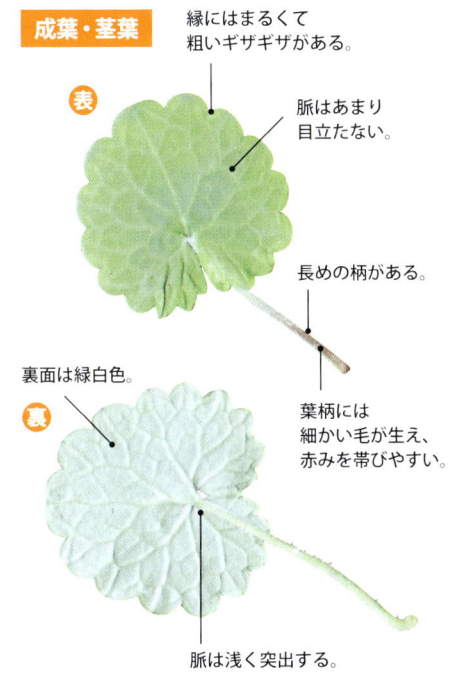

若いつる芽。

**成葉・茎葉**

表
- 縁にはまるくて粗いギザギザがある。
- 脈はあまり目立たない。
- 長めの柄がある。

裏
- 裏面は緑白色。
- 葉柄には細かい毛が生え、赤みを帯びやすい。
- 脈は浅く突出する。

人里

| 注 | 薬 | | 採取時期 | 1 | 2 | 3 | 4 | 5 | 6 | 7 | 8 | 9 | 10 | 11 | 12 |

←若葉→ ←未熟果→

# カラスウリ ［烏瓜］

[食べられる部位] 全草／若葉／花／若茎／若芽／その他・未熟果

**学名**：*Trichosanthes cucumeroides*
**分類**：ウリ科カラスウリ属
**別名**：キツネノマクラ、ゴウリ、タマズサ、チョウジグサなど

## 生態
林の縁や山野のやぶに生えるつる性の多年草。東北地方南部以西の本州と四国、九州に分布する。

## 特徴
- **形状**：巻きひげで他樹にからんで伸び、3〜4m内外の長さになる。
- **葉**：心形で、掌状に3〜5浅裂し、長い柄があり互生する。巻きひげは葉と対生に出て、他物にからむ。
- **花期**：雌雄異株。8〜9月ごろ、葉のつけ根に径10cm内外の白い花をつける。この花は夕方に開き、翌朝にしぼむ。花冠は5裂し、各裂片の先は細かく裂けて糸状になる。
- **その他**：花の後、長さ5〜7cm内外の果実を結び、秋に紅く熟す。

## 見極め＆採り方のコツ
**手のひら状に浅く3〜5裂する葉**
初夏にやわらかい若葉を、初秋には熟す前の緑色の果実を摘みとる。

**薬用**：根および種子を天日乾燥し、利尿、催乳などに煎じて服用する。また、ひびやあかぎれなどに、紅く熟した果実の果肉を塗布する。

## 調理法

| おひたし | サラダ | きんぴら | 和え物 | 生食 | きんとん | 煮物 |
| 酢の物 | 餅草 | つくだ煮 | 汁の実 | 卵とじ | 煮びたし | 薬味 |
| 鍋物 | 天ぷら | 漬け物 | 焼き物 | 煮揚げ | 菜めし | 蒸し物 |
| 炒め物 | おかゆ | とろろ | そば・うどん | | ラーメン | スパゲティ |

※ 若葉は和え物・炒め物・天ぷら、未熟果は煮物・汁の実・漬け物

**アクの強さ** ★★★

塩ひとつまみ加えた熱湯で10分ほど茹で、冷水にとって12〜13分さらす。

**実（未熟果）**

カラスウリの実（未熟果）。

**成葉** 心形で、掌状に3～5浅裂する

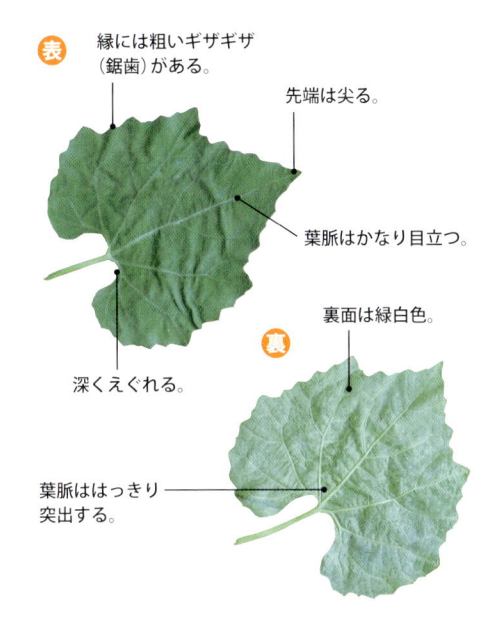

**表**
- 縁には粗いギザギザ（鋸歯）がある。
- 先端は尖る。
- 葉脈はかなり目立つ。
- 深くえぐれる。

**裏**
- 裏面は緑白色。
- 葉脈ははっきり突出する。

巻きひげは葉と対生状に出る。

**花**

夕方に開き、翌朝しぼむ、カラスウリの花。

人里

他樹にからんで伸びる。

| 注 | 薬 | | 採取時期 | 1 | 2 | 3 | 4 | 5 | 6 | 7 | 8 | 9 | 10 | 11 | 12 |

←若葉・花・若茎・実→

# カラスノエンドウ ［烏ノ豌豆］

**学名**：*Vicia angustifolia var. segetalis*
**分類**：マメ科ソラマメ属
**別名**：ヤハズノエンドウ

[食べられる部位]
全草／若葉／花／若茎／若芽／その他／実

### 生態
日当たりのよい野原や土手、路傍、田畑のあぜなどに生える、ヨーロッパ原産のつる性の1〜2年草。日本全土に分布。

### 特徴
- **形状**：はじめは直立するが、やがて葉先のつる芽を互いにからませながらこんもりとした群れをつくり、60〜120cm内外の草丈になる。
- **葉**：3〜7対の狭倒卵形の小葉からなる羽状複葉で、互生する。先端は分岐した巻きひげになり、仲間同士や他物に複雑にからむ。
- **花期**：3〜6月ごろ、葉のつけ根に紅紫色の蝶形花を1〜3個ずつつける。
- **その他**：花の後、長さ3〜4cm内外のサヤ状の豆果を結ぶ。この豆果も食べられる。

### 見極め＆採り方のコツ
**巻きひげ状のつる先と紅紫色の蝶形花**
やわらかな芽先を選んで、花ごと摘みとる。豆果は、中の豆が大きくなる前のうすいものが、やわらかくて食べやすい。

【実】カラスノエンドウの豆果。この豆果も食べられる。

【若芽・花】カラスノエンドウの若芽と花。

**成葉** 3～7対の小葉からなる羽状複葉

**表**

先端はへこんで、中央に短い突起を出す。

先端は巻きひげになる。

脈は中央脈だけ。

**裏**

裏面は緑白色。

中央脈がやや突出する。

## 調理法

| おひたし | サラダ | きんぴら | 和え物 | 主食 | てんぷら | 煮物 |
|---|---|---|---|---|---|---|
| 炒め物 | 漬物 | つくだ煮 | 汁の実 | 卵とじ | 揚げ物 | |
| | 天ぷら | 漬け物 | 蒸物 | 素揚げ | 炊き込み | |
| 炒め物 | おかゆ | とろろ | そば・うどん | | ラーメン | バター |

※ 炒め物、汁の実、卵とじは豆果

**アクの強さ** ★★

塩ひとつまみ加えた熱湯で5分間ほど茹で、冷水にとって約10分間さらす。

人里

| 注 | 薬 | | 採取時期 | 1 | 2 | 3 | 4 | 5 | 6 | 7 | 8 | 9 | 10 | 11 | 12 |

若芽：3-4／花：7-9

# カンゾウ類 [萱草類] (ヤブカンゾウ)

**名人おすすめ！**

[食べられる部位] 全草／花／若芽

**学名**：*Hemerocallis fulva var. kwanso*
**分類**：ユリ科ワスレグサ属
**別名**：アマナ、カンゾウナ、ワスレナグサ

## 生態
日当たりのよい草地、土手、林の縁、田畑のあぜなどに生える多年草。短い根茎からふく枝を伸ばして殖え、群生しやすい。北海道、本州、四国、九州に分布。

## 特徴
- **形状**：縦ふたつに折れて刀身のような形をした若葉が、交互に重なり合った姿で地上に顔を出して生長し、花期には高さ80～100cm内外の花茎を伸ばす。
- **葉**：長さ40～60cm内外、幅2.5～4cm内外の扁平な広線形で、先端が下垂する。
- **花期**：7～9月ごろ、葉の間から花茎を伸ばし、径8～10cm内外の橙赤色の八重花を数個つける。この花は一日花で、朝開いて夕方にはしぼむ。
- **その他**：近縁で一重花の「ノカンゾウ」や「ゼンテイカ（ニッコウキスゲ）」「エゾキスゲ」なども本種と同様に利用できる。

## 見極め＆採り方のコツ
**若芽は刀身状の葉が交互に重なる**
若芽を地中の白い葉軸部から切りとる。カッターナイフなどがあると便利。

## 調理法
| おひたし | サラダ | きんぴら | 和え物 | 生食 | きんとん | 煮物 |
| 酢の物 | 餅草 | つくだ煮 | 汁の実 | 卵とじ | 煮びたし | 薬味 |
| 鍋物 | 天ぷら | 漬け物 | 焼き物 | 素揚げ | 炊きめし | 蒸し物 |
| 炒め物 | おかゆ | とろろ | そば・うどん | | ラーメン | スパゲティ |

※ 花は酢の物・天ぷら、若芽は酢の物以外の該当料理すべて

| アクの強さ | ★ |

さっと熱湯にくぐらせる程度でよい。

**ノカンゾウ（花）**
ノカンゾウの花。

**ハマカンゾウ（花）**
海辺に生えるハマカンゾウの花。

人里

## ヤブカンゾウ（花）

橙赤色で八重咲きのヤブカンゾウの花。

地中に隠れている白い部分から切りとる。
白い部分は甘みがあり美味。

地中に紡錘根がある。

## ヤブカンゾウ（若芽）

ヤブカンゾウの若芽。

| 注 | 薬 | | 採取時期 | ←若葉・若茎・若芽→ |
|---|---|---|---|---|

採取時期: 1 2 **3 4 5 6** 7 8 9 10 11 12

# ギシギシ ［羊蹄］

**学名**：*Rumex japonicus*
**分類**：タデ科ギシギシ属
**別名**：ウマノスイコ、オカジュンサイ、マタリッパなど

[食べられる部位]
全草 / **若葉** / 花 / 若茎 / **若芽** / その他—

## 生態
野原、河原、海辺の草地、田畑のあぜ、路傍（ろぼう）などに生える多年草で、やや湿り気のある場所を好む。日本全土に分布。

## 特徴
- **形状（こんせいよう）**：根生葉を放射状に広げて株状になり、株の中央から太めの花茎（かけい）を直立させ、40～100cm内外の草丈になる。
- **葉**：長い柄があり、葉身（ようしん）は長楕円形で、先端は鈍形、基部は鋭形のものもあるが、多くは心形でまるみを帯びる。縁は波打ち、葉脈ははっきりあらわれる。
- **花期**：6～8月ごろ、枝分かれした花序に緑黄色の小さな花をたくさん輪生（りんせい）させる。
- **その他**：葉を開く前の薄皮に包まれた若芽には、著しいぬめりがある。

## 見極め & 採り方のコツ
**若芽に強いぬめりがあり、すっぱい**

薄皮に包まれた若芽と、横に広がる前の立っている若葉を選び、根ぎわから摘みとる。「スイバ」に似るが、スイバは全体にやや小型で、赤みを帯びやすく、葉の形も先端が鋭形、基部がホコ形に尖っていて、「ホウレンソウ」に似ている。

## 調理法

| おひたし | サラダ | きんぴら | **和え物** | 生食 | きんとん | 煮物 |
|---|---|---|---|---|---|---|
| 酢の物 | 餅草 | つくだ煮 | **汁の実** | 卵とじ | **煮びたし** | 薬味 |
| 鍋物 | 天ぷら | **漬け物** | 焼き物 | 素揚げ | 菜めし | 蒸し物 |
| 炒め物 | おかゆ | とろろ | そば・うどん | | ラーメン | スパゲティ |

**アクの強さ** ★★

強い酸味があり、塩ひとつまみ加えた熱湯で軽く茹で、冷水にとって10分ほどさらす。この酸味はシュウ酸なので、リウマチ体質の人は食べすぎに注意。漬け物にする場合は、アク抜きをする必要はない。

ギシギシの花。

株の中央部のやわらかい葉を摘みとる。

LINK P82 スイバ

**若葉（茎葉）**

- 先端は鈍く尖る。
- 縁は不規則に波打つ。
- 主脈が葉の先端まで走る。
- 基部は心形で、まるみを帯びる。
- 裏面はやや色が薄い。
- 主脈が突出する。
- 短い柄がある。

表／裏

**薬用** 根を天日乾燥し、緩下薬（かんげやく）（作用の穏やかな下剤）として煎じて服用する。

**実**

ギシギシの実。

人里

根生葉を放射状に広げて株状になる。

# キランソウ ［金瘡小草］

**採取時期**: 花 3～5、若葉 3～9

**[食べられる部位]**: 若葉、花

学名：*Ajuga decumbens*
分類：シソ科キランソウ属
別名：キンコツソウ、ジゴクノカマノフタ

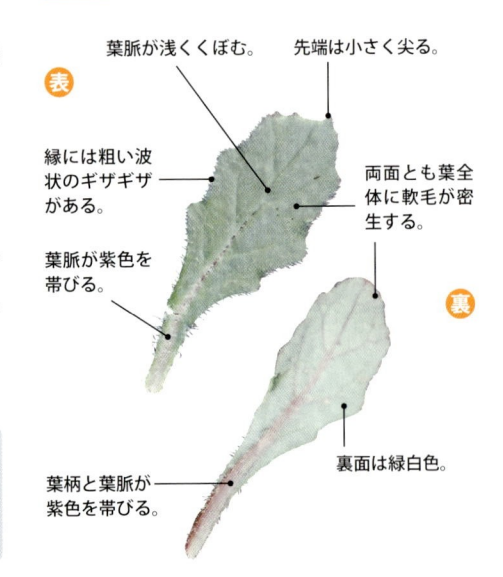

## 生態
日当たりのよい荒れ地、鉄道の線路ぎわ、路傍などに生える多年草。本州、四国、九州に分布する。

## 特徴
- **形状**：茎は直立せずに地を這って伸び、ロゼット状の株になる。
- **葉**：根生葉は放射状につき、広倒披針形。先端は鈍頭で、縁には波状の粗いギザギザ（鋸歯）があり、葉の縁には紫褐色の縁どりが生じやすい。茎と葉は対生し、上部の葉は小さくなる。ともに葉身全体に軟毛が密生する。
- **花期**：3～5月ごろ、葉のわきに濃紫色の唇弁花をつける。

## 見極め & 採り方のコツ
**葉も茎も全体に細い毛が密生する**
茎先のやわらかな葉を選び、親指と人さし指の爪で挟んで摘みとる。花も食べられるので、花ごと摘みとってもよい。

**薬用**：花期の全草を天日乾燥し、細かくくだいて高血圧や解熱、下痢止めに煎じて服用するほか、生葉のしぼり汁を虫刺されやできものに塗布する。

## 調理法
和え物、汁の実、天ぷら

**アクの強さ**：★★

塩ひとつまみ加えた熱湯で軽く茹で、冷水にとって10分ほどさらす。

## 成葉
（表）
- 葉脈が浅くくぼむ。
- 先端は小さく尖る。
- 縁には粗い波状のギザギザがある。
- 両面とも葉全体に軟毛が密生する。
- 葉脈が紫色を帯びる。

（裏）
- 裏面は緑白色。
- 葉柄と葉脈が紫色を帯びる。

人里

日当たりのよい荒れ地に生える。

花

濃紫色の唇弁花をつける。

ロゼット状の株になる。

67

注 | 薬

採取時期：3・4・5（若葉・若茎）

# キンミズヒキ ［金水引］

学名：*Agrimonia pilosa*
分類：バラ科キンミズヒキ属
別名：センキグサ、ヌストグサ、ヒッツキグサなど

[食べられる部位]：若葉、若茎

## 生態
林の縁にある草地や、路傍などに生える多年草。北海道、本州、四国、九州に分布する。

## 特徴
- **形状**：はじめは地を這うように葉を広げ、やがて茎が直立して30～80cm内外の草丈になる。
- **葉**：5～9枚の小葉からなる奇数羽状複葉で、互生する。各小葉は長楕円形～倒卵形で、縁には粗いギザギザ（鋸歯）がある。
- **花期**：7～10月ごろ、穂状花序に径6～11mm内外の黄色の5弁花を密につける。
- **その他**：花の後に結ぶ椀状の実にはカギ形のトゲがあり、人の衣服や動物の体に付着するため、「ヒッツキグサ」とも呼ばれる。

## 見極め＆採り方のコツ
**全体に細かい毛が密生する**
茎が立ち上がる前の若葉を、葉柄ごと摘みとる。

**薬用**：花期の全草をとり、天日乾燥させて細かくくだき、下痢止めに煎じて服用する。

## 調理法
おひたし／サラダ／きんぴら／**和え物**／生食／きんとん／煮物／酢の物／餅草／つくだ煮／**汁の実**／卵とじ／煮びたし／薬味／鍋物／**天ぷら**／漬け物／焼き物／素揚げ／菜めし／蒸し物／**炒め物**／おかゆ／とろろ／そば・うどん／ラーメン／スパゲティ

アクの強さ：★★★

塩ひとつまみ加えた熱湯で7～8分茹で、冷水にとって15分ほどさらす。

**成葉**　5～9小葉からなる奇数羽状複葉

表：縁には粗いギザギザがある。／葉脈はよく目立つ。

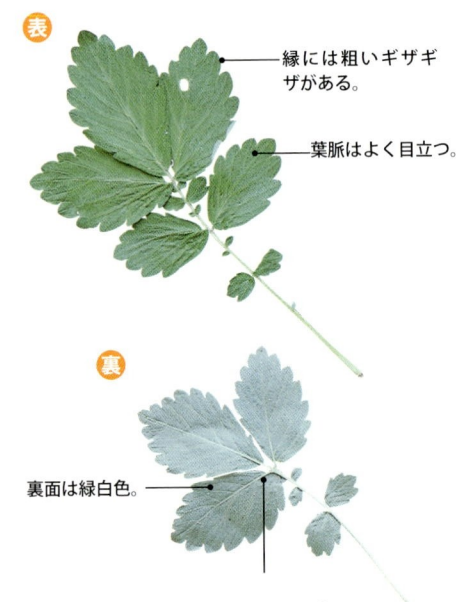

裏：裏面は緑白色。／葉脈はよく目立つ。

若いうちは地を這うように葉を広げる。

茎には細かい毛が密生する。

キンミズヒキの花。

人里

| 注 | 薬 | | 採取時期 | 1 | 2 | 3 | 4 | 5 | 6 | 7 | 8 | 9 | 10 | 11 | 12 |

つる先: 4〜7　花: 8〜9

# クズ［葛］

学名：*Pueraria lobata*
分類：マメ科クズ属
別名：ウメノボタモチ、カズネ、クサフジ、クズマカズラなど

[食べられる部位]
- 花
- その他 つる先

## 生態
日当たりのよい林の縁、荒れ地、土手などに生える、大型のつる性多年草。北海道、本州、四国、九州に分布する。

## 特徴
- **形状**：褐色の毛が密生したつる茎が地を這って伸び、他樹にからんで樹冠（上部の枝や葉が茂っている部分）におおいかぶさる。基部は木質化し、10m以上の長さに生長することも珍しくない。
- **葉**：3枚の小葉からなる複葉で、小葉は幅広の卵形で先が尖り、裏面には白い細毛が密生して灰白色に見える。
- **花期**：8〜9月ごろ、葉のわきから花軸（花をつける枝や茎）を伸ばし、赤紫色の蝶形花を総状につける。
- **その他**：地中の根茎には、良質のデンプンが含まれ、これを抽出精製して、クズ粉を得る。

## 見極め＆採り方のコツ
**褐色の毛が密生するつる茎**

**つる先→**できるだけ太いものを選び、爪先で摘みとる。切り口から白濁した液が多量に分泌するものがよい。

**花→**開花寸前のつぼみか、咲きはじめの若い花を花軸ごと摘みとる。

## 調理法

| おひたし | サラダ | きんぴら | 和え物 | 生食 | きんとん | 煮物 |
| 酢の物 | 餅草 | つくだ煮 | 汁の実 | 卵とじ | 煮びたし | 薬味 |
| 鍋物 | 天ぷら | 漬け物 | 焼き物 | 素揚げ | 菜めし | 蒸し物 |
| 炒め物 | おかゆ | とろろ | そば・うどん | | ラーメン | スパゲティ |

※ おひたし・汁の実はつる先のみ、酢の物は花のみ

| アクの強さ | ★★ |

**つる先→**塩ひとつまみ加えた熱湯で軽く茹で、冷水にとって7〜8分さらす。天ぷらの場合は生のままでよい。

**花→**熱湯にざっとくぐらせるだけでよい。天ぷらの場合は生のままでよい。

**薬用**　皮をとり除いた根を天日乾燥し、風邪の諸症状に煎じて服用する。

**根**

この根には良質のデンプンが含まれている。

**成葉** 3小葉からなる複葉

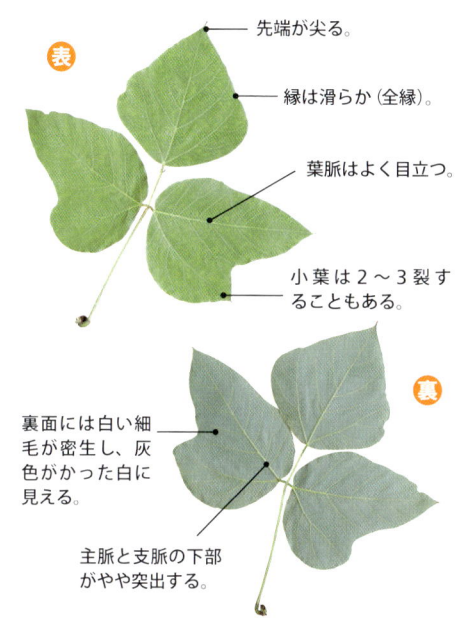

**表**
- 先端が尖る。
- 縁は滑らか（全縁）。
- 葉脈はよく目立つ。
- 小葉は2〜3裂することもある。

**裏**
- 裏面には白い細毛が密生し、灰色がかった白に見える。
- 主脈と支脈の下部がやや突出する。

**花**

クズの花。

**人里**

**若芽・つる芽**

クズの若芽とつる芽。

注 | 薬

採取時期: 若葉・若芽 4 5 6、花 7 8 9

# ゲンノショウコ [現ノ証拠]

学名:*Geranium thunbergii*
分類:フウロソウ科フウロソウ属
別名:イシャイラズ、フクロソウ、ミコシグサ

[食べられる部位] 全草、若葉、花、若茎、若芽

### 生態
山野の日当たりのよい草地に生える多年草で、北海道、本州、四国、九州に分布する。

### 特徴
- 形状:太い褐色の根から地を這って伸びる茎を出し、上部が立ち上がって30〜60cm内外の草丈になる。
- 葉:長さ、幅ともに3〜7cm内外で、下部の葉は5中〜深裂し、上部の葉は3深裂する。裂片は先端が鈍角の卵形で、両面とも毛がある。
- 花期:7〜10月ごろ、長めの花柄を伸ばし、径1〜1.5cm内外の白色、もしくは紅紫色の5弁花を、通常2個ずつつける。
- その他:花の後、蒴果を結び、熟して裂開すると「お神輿」の屋根のような形になるところから、「ミコシグサ」の別名がある。

### 見極め＆採り方のコツ
葉が3〜5片に中〜深裂する
やわらかい若芽や若葉を爪先で挟んで切りとる。

### 調理法
おひたし | サラダ | きんぴら | **和え物** | 生食 | きんとん | 煮物
**酢の物** | 餅草 | つくだ煮 | 汁の実 | 卵とじ | 煮びたし | 薬味
鍋物 | **天ぷら** | 漬け物 | 焼き物 | 素揚げ | 菜めし | 蒸し物
炒め物 | おかゆ | とろろ | そば・うどん | ラーメン | スパゲティ

※ 酢の物は花のみ

アクの強さ ★★★

塩ひとつまみ加えた熱湯で7〜8分茹で、冷水にとって15分ほどさらす。天ぷらは低めの温度でゆっくり揚げる。

**薬用** 古くから下痢止めの薬草として重用されている。全草を陰干しして乾燥させ、煎じて服用する。

白花のゲンノショウコ。

人里

## 成葉（上部の茎葉）

**表** 上部の葉は3裂する（下部の葉は5裂）

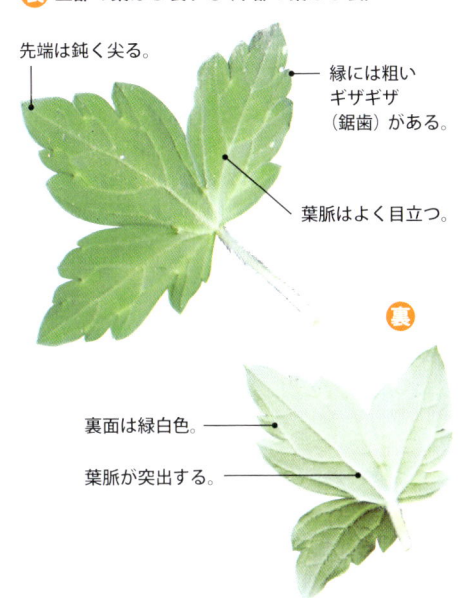

- 先端は鈍く尖る。
- 縁には粗いギザギザ（鋸歯）がある。
- 葉脈はよく目立つ。

**裏**

- 裏面は緑白色。
- 葉脈が突出する。

**果実**

ゲンノショウコの果実。熟すと裂開して反り返り、「お神輿」の屋根のような形になる。

**若葉**

ゲンノショウコの若葉。

紅紫花のゲンノショウコ。

| 注 | 薬 | 春の七種 | | 採取時期 | 1 | **2** | **3** | **4** | 5 | 6 | 7 | 8 | 9 | 10 | 11 | 12 |

若葉：2〜4

# コオニタビラコ ［小鬼田平子］

[食べられる部位]：若葉

**学名**：*Lapsana apogonoides*
**分類**：キク科ヤブタビラコ属
**別名**：オハコベ、タビラコ、タンポコナ、ホトケノザなど

## 生態
水の乾いた田んぼやあぜに生える2年草で、本州、四国、九州に分布する。春の七種(ななくさ)のひとつに数えられる「ホトケノザ」は本種のこと。

## 特徴
- **形状**：ロゼット状に葉を広げ、葉の中心部から花茎を伸ばし、10〜15cm内外の草丈になる。
- **葉**：不規則な形の小葉からなる羽状複葉(うじょうふくよう)で、先端の小葉は大きく、亀甲状(きっこう)ないしベース板型になる。
- **花期**：3〜5月ごろ、枝分かれした花茎の先に径1cm内外の黄色の花を数個ずつつける。
- **その他**：近縁の「オニタビラコ」「ヤブタビラコ」も同様に食用できる。

## 見極め＆採り方のコツ
**葉の先端が亀甲状をしている**
株の中ほどの立っているやわらかい葉を選んで摘みとる。

## 調理法

| おひたし | サラダ | きんぴら | **和え物** | 生食 | きんとん | **煮物** |
| 酢の物 | 胡草 | つくだ煮 | **汁の実** | 卵とじ | 煮びたし | 薬味 |
| 鍋物 | 天ぷら | 漬け物 | 焼き物 | 素揚げ | **菜めし** | 蒸し物 |
| 炒め物 | **おかゆ** | とろろ | そば・うどん | | ラーメン | スパゲティ |

**アクの強さ**：★★

塩ひとつまみ加えた熱湯で7〜8分茹で、冷水にとって10分ほどさらす。

花
コオニタビラコの花。

若葉
春の七種のころは、若い根生葉を摘みとる。

羽状複葉をロゼット状に広げる。

**成葉** 不規則な小葉からなる羽状複葉

表 — 頂小葉はほぼ五角形。
裏面は緑白色。
縁は滑らか。
葉軸が赤みを帯びやすい。
裏
葉軸が突出する。

75

| 注 | 薬 | | 採取時期 | ←若葉・若芽→ |
|---|---|---|---|---|

採取時期: 4 5 6（若葉・若芽）

# サルトリイバラ ［猿捕茨 / 山帰来］

学名：*Smilax china*
分類：ユリ科シオデ属
別名：カカラ、カラタチイバラ、ガンタチイバラ、サンキライ

［食べられる部位］若葉、若芽

## 生態
山野に生えるつる性小低木で、日当たりのよい林の縁などを好む。北海道、本州、四国、九州に分布。

## 特徴
- **形状**：茎はかたく、節ごとに折れ曲がり、葉のつけ根から出る巻きひげで他の草木にからんで伸びる。2～3m内外の高さになる。
- **葉**：長さ3～12cm内外の卵円形～楕円形で、先端が小さく尖り、互生する。葉の質は革質で厚く、光沢がある。
- **花期**：4～5月ごろ、葉のわきから散形花序を出し、黄緑色の小さな花を半球状に集めてつける。
- **その他**：花の後、径7～10mm内外の球形の液果を結び、秋に紅く熟す。西日本では、「カシワ」の葉の代用として、この葉で餅や菓子を包む習慣がある。

## 見極め＆採り方のコツ
茎が節ごとに折れ曲がり、まばらにトゲがある
「羽根付き」の羽根のような形で生え出た若芽や若葉を摘みとる。

## 調理法
おひたし、和え物、天ぷら、炒め物

アクの強さ ★★

塩ひとつまみ加えた熱湯で軽く茹で、冷水にとって5分ほどさらす。

**薬用**　漢方では、根茎を「土茯苓（どぶくりょう）」と呼び、秋に根茎を掘って天日乾燥し、利尿、下痢止め、解熱などに煎じて服用する。

他樹にからんで伸びる。

**新芽**

サルトリイバラの新芽。

**花**

サルトリイバラの花。

**茎**

茎にはカギ状のトゲがまばらにある。

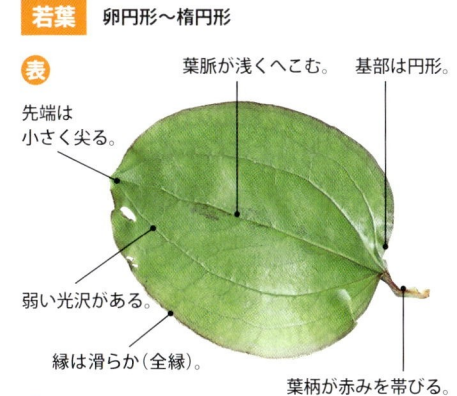

**若葉**　卵円形〜楕円形

**表**
- 先端は小さく尖る。
- 葉脈が浅くへこむ。
- 基部は円形。
- 弱い光沢がある。
- 縁は滑らか（全縁）。
- 葉柄が赤みを帯びる。

**裏**
- 葉脈が突出する。
- 葉柄に巻きひげがある。
- 裏面は白みを帯びる。

**実**

サルトリイバラの実。

人里

| 注 | 薬 | | 採取時期 | 若葉・花・若芽 | 果実 |
|---|---|---|---|---|---|

採取時期: 1 2 **3 4 5** 6 7 8 9 10 11 12

# サンショウ [山椒]

[食べられる部位]
全草 / 若葉 / 花 / 若茎 / 若芽 / その他 / 果実

**学名**：*Zanthoxylum piperitum*
**分類**：ミカン科サンショウ属
**別名**：キノメ、ハジカミ、ヤマサンショウなど

## 生態
林の縁や渓流ぎわに多く生える落葉性低木で、湿り気のある場所を好む。北海道、本州、四国、九州に分布する。

## 特徴
- **形状**：中心となる幹から横に枝を分け、1～5m内外の高さになる。若い枝には、葉のわきに一対のトゲを対生させ、古木になると樹皮がコルク化する。
- **葉**：9～19枚の小葉からなる奇数羽状複葉で互生する。小葉は長さ15～35mm内外の卵状長楕円形で、先端が浅く裂け、縁には鈍いギザギザ（鈍鋸歯）がある。
- **花期**：4～5月ごろ、枝先の複総状花序に緑黄色の小さな5弁花をたくさんつける。
- **その他**：花の後、径5mm内外の球果を結び、秋に紅く熟して裂開し、光沢のある黒色の種子があらわれる。

## 見極め＆採り方のコツ
**葉のつけ根の近くに一対の鋭いトゲがある**
片方の手で枝先をつまみ持ち、トゲに注意しながら残りの手の指先で摘みとる。

## 調理法

| おひたし | サラダ | きんぴら | **和え物** | 生食 | きんとん | 煮物 |
|---|---|---|---|---|---|---|
| 酢の物 | 餅草 | つくだ煮 | 汁の実 | 卵とじ | 煮びたし | **薬味** |
| 鍋物 | 天ぷら | 漬け物 | 焼き物 | 素揚げ | 菜めし | 蒸し物 |
| 炒め物 | おかゆ | とろろ | そば・うどん | | ラーメン | スパゲティ |

※ 若芽・若葉・花はつくだ煮・和え物・汁の実・薬味、果実は薬味・つくだ煮

| アクの強さ | ★ |
|---|---|

アク抜きすることなく、生のまま使用できる。

葉は奇数羽状複葉で、枝先に対生状のトゲが生える。

紅熟するサンショウの果実。

横や斜めに枝を伸ばす。黄色いのは花。

**若葉** 奇数羽状複葉で、小葉は4〜9対。小葉の形は卵状長楕円形

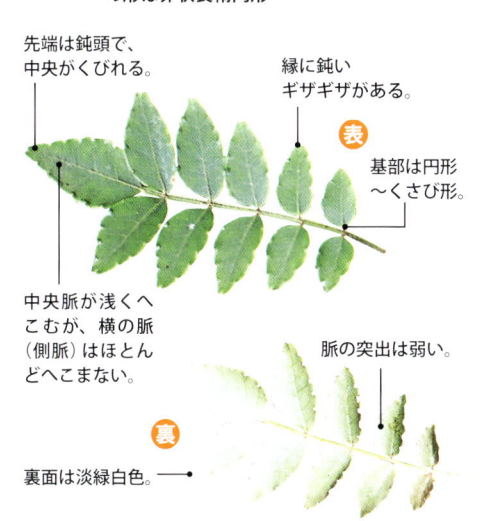

先端は鈍頭で、中央がくびれる。

縁に鈍いギザギザがある。

**表**

基部は円形〜くさび形。

中央脈が浅くへこむが、横の脈（側脈）はほとんどへこまない。

脈の突出は弱い。

**裏**

裏面は淡緑白色。

**薬用** 果実を天日乾燥し、健胃整腸（けんいせいちょう）などに煎じて服用するほか、虫刺されに生の葉のもみ汁を塗布する。

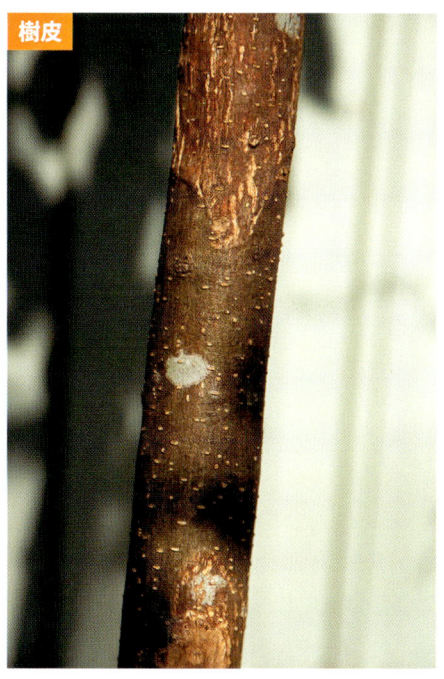

**樹皮**

小さなイボ状の突起がたくさんある。

注 | 薬

採取時期：4・5・6（若葉・若茎・若芽）

# スイカズラ ［吸葛 / 忍冬］

**学名**：*Lonicera japonica*
**分類**：スイカズラ科スイカズラ属
**別名**：キンギンカ、スイバナ、ニンドウ、ニンドウカズラ、ミツスイバナなど

[食べられる部位] 若葉・若茎・若芽

## 生態
日当たりのよい林の縁などに生えるつる性の小低木で、一般には落葉性だが、暖地では常緑も見られる。北海道南部、本州、四国、九州に分布。

## 特徴
- **形状**：褐色のやわらかい毛が密生する若い枝を無数に分枝して、右巻きに他物にからんで伸長する。
- **葉**：長さ3～7cm内外、幅1～3cm内外の楕円形で、対生する。
- **花期**：5～6月ごろ、枝先の葉のわきに長さ3～4.5cm内外の筒状の唇弁花を2個ずつつける。この花は、はじめは白色、のち白黄色に変わり、若い白花と老成した黄花とが一緒に咲き乱れるところから「金銀花」とも呼ばれる。
- **その他**：花には「ジャスミン」に似た芳香があり、抜き取って吸うと甘い蜜が出る。

## 見極め＆採り方のコツ
ジャスミンに似た香りの花を2個ずつ対になってつける
若芽とやわらかな若葉を摘みとる。

## 調理法
おひたし、和え物、天ぷら、炒め物

**アクの強さ**：★★★★

塩ひとつまみ加えた熱湯で10分ほど茹で、冷水にとって半日さらす。

**薬用**：漢方では、葉を「忍冬（にんどう）」、花を「金銀花（きんぎんか）」と呼び、花期につぼみと葉をとって天日乾燥し、利尿（りにょう）や解毒などに煎じて服する。

やわらかな茎先を摘みとる。

**成葉**

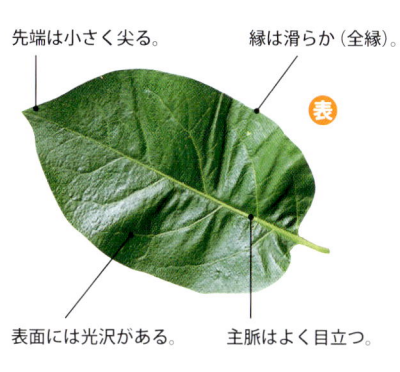

- 先端は小さく尖る。
- 縁は滑らか（全縁）。
- 表
- 表面には光沢がある。
- 主脈はよく目立つ。
- 裏
- 裏面は白緑色。
- 葉脈の突出は浅い。

**つる芽**

スイカズラの若いつる芽。

**茎**

無数に分枝するつる茎を他樹にからめて伸びる。

人里

**花** 5〜6月ごろ、筒状の唇弁花をつける。

| 注 | 薬 | | 採取時期 | 若葉・若芽 |
|---|---|---|---|---|

採取時期: 1 2 3 4 5 6 7 8 9 10 11 12

# スイバ ［酸葉］

**名人おすすめ！**

[食べられる部位]
全草 / 若葉 / 花 / 若茎 / 若芽 / その他

**学名**：*Rumex acetosa*
**分類**：タデ科ギシギシ属
**別名**：サトギシギシ、スイカンボ、スイジ、スイナ、スカンポ、スシなど

## 生態
空き地、土手の斜面、田畑のあぜなどに生える多年草。北海道、本州、四国、九州に分布する。

## 特徴
- **形状**：根生葉を放射状に伸ばして株をつくり、春に花茎を直立させて30～80cm内外の草丈になる。
- **葉**：根生葉には長い柄があり、葉身は長楕円形で先端は鋭形、基部はホコ形となる。葉をつけたまま冬を越すが、冬期の葉は赤紫色を帯びやすい。
- **花期**：5～8月ごろ、分枝した茎先の円錐花序に、淡緑色～帯紫緑色の小さな花を輪生状にたくさんつける。

## 見極め＆採り方のコツ
**ホウレンソウに似ている**

春の新芽と、冬場の霜にあたって軟化した葉を、いずれも根ぎわから摘みとる。「ギシギシ」に似るが、本種は葉や葉柄が赤みを帯びやすく、葉の縁が波打たず、葉の基部がホコ形をしている。

## 調理法

| おひたし | サラダ | きんぴら | 和え物 | 生食 | きんとん | 煮物 |
|---|---|---|---|---|---|---|
| 酢の物 | 即席 | つくだ煮 | 汁の実 | 卵とじ | 煮びたし | 薬味 |
| 鍋物 | 天ぷら | 漬け物 | 焼き物 | 素揚げ | 菜めし | 蒸し物 |
| 炒め物 | おかゆ | とろろ | そば・うどん | | ラーメン | スパゲティ |

**アクの強さ**：★

アクは弱く、熱湯をくぐらせる程度でよい。シュウ酸を含むため、生で多食するのは避ける。

茎葉の基部は茎を抱く。

茎や葉柄が赤紫色を帯びやすい。

**薬用**：花を天日乾燥させ、健胃薬として煎じて服用するほか、葉の汁をタムシに塗る。

LINK P64 ギシギシ

### 根生葉の成葉

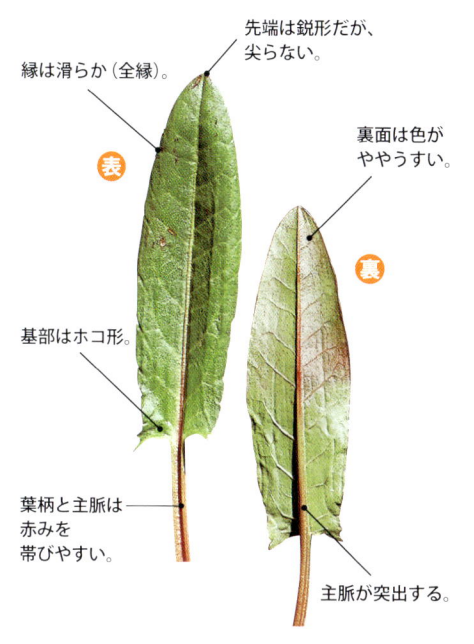

- 縁は滑らか（全縁）。
- 先端は鋭形だが、尖らない。
- 裏面は色がややうすい。
- 基部はホコ形。
- 葉柄と主脈は赤みを帯びやすい。
- 主脈が突出する。

**表** / **裏**

### 花

スイバの花。

根生葉を放射状に伸ばして株をつくる。

人里

| 注 | 薬 | | 採取時期 | 1 | 2 | 3 | 4 | 5 | 6 | 7 | 8 | 9 | 10 | 11 | 12 |

若茎・若芽：2〜6

# スギナ［杉菜］／ツクシ［土筆］

学名：*Equisetum arvense*
分類：トクサ科トクサ属
別名：ズイナ、スギナノコ、スギナボーズ、ツクシンボ、ヘビノマクラなど

［食べられる部位］全草／若葉／若茎／若芽

## 生態
平地から低山帯までの荒れ地、野原、土手、畑地、路傍などに生える、落葉多年性のシダ植物。日当たりのよい酸性土壌のやせ地を好む。北海道、本州、四国、九州に分布。植物名では「スギナ」といい、「ツクシ」はその胞子茎(ほうしけい)を呼ぶ俗称。

## 特徴
- **ツクシの形状**：胞子茎であるツクシは、8〜25cm内外の高さになり、茎の頭に長さ2〜4cm内外の胞子穂をつけ、各節には「はかま」と呼ぶサヤ状に退化した葉をつける。
- **スギナの形状**：栄養茎であるスギナは、ツクシが枯れるころに顔を出し、直立する茎の各節に細い枝を輪生(りんせい)させ、30〜40cm内外の草丈になる。
- **花期**：花はつけない。

## 見極め＆採り方のコツ
**ツクシは茎の頭の穂と各節の「はかま」が目印**

**ツクシ→**胞子を放出する前の胞子穂が開いていない若いものを選び、根ぎわから摘みとる。

**スギナ→**各節から輪生する枝が伸びる前の若いものを選び、根ぎわから摘みとる。

## 調理法

| おひたし | サラダ | きんぴら | 和え物 | 生食 | きんとん | 煮物 |
| 酢の物 | 餅料理 | つくだ煮 | 汁の実 | 卵とじ | 煮びたし | 薬味 |
| 鍋物 | 天ぷら | 漬け物 | 焼き物 | 素揚げ | 菜めし | 蒸し物 |
| 炒め物 | おかゆ | とろろ | そば・うどん | | ラーメン | スパゲティ |

※スギナはつくだ煮のみ、ツクシはつくだ煮は不向き

| アクの強さ | ツクシ ★★<br>スギナ ★★★ |

**ツクシ→**アク抜きする必要はないが、「はかま」を取り除いてから調理する。

**スギナ→**塩ひとつまみ加えた熱湯で10分ほど茹で、冷水にとって15分さらしてから用いる。

**薬用** スギナは天日乾燥させ、腎臓病(じんぞう)や利尿薬(りにょう)として煎じて服用する。

ツクシは「はかま」を取り除いて調理する。

**スギナ**

栄養茎のスギナは、ツクシの後に顔を出す。

**ツクシ**

スギナの胞子茎がツクシ。

ツクシは、胞子を放出する前のものを食用する。

成長したスギナは、健康茶などに利用する。

人里

注 薬

# スベリヒユ［滑莧］

学名：*Portulaca oleracea*
分類：スベリヒユ科スベリヒユ属
別名：アカジャ、ウマビユ、ヒョウナなど

採取時期 1 2 3 4 **5 6 7 8 9 10 11** 12
若葉・若茎・若芽

名人おすすめ！

[食べられる部位]
全草／若葉／花
若茎／若芽／その他

### 生態
畑、庭先、路傍（ろぼう）などに生える1年草で、日当たりのよい場所を好む。北海道、本州、四国、九州に分布。

### 特徴
- 形状：赤褐色で円柱状の茎が地を這い、15～30cm内外の長さになる。
- 葉：長さ15～25mm内外のヘラ状長楕円形で、互生（ごせい）する。弱い光沢があり、多肉質。
- 花期：7～9月ごろ、枝先の葉の中心に鮮黄色の小さな5弁花を数個ずつつける。この花は朝のうちだけ開き、午後にはすぼむ。
- その他：ヨーロッパや東南アジアでは、食用蔬菜（そさい）として改良された「タチスベリヒユ」が栽培されている。

### 見極め＆採り方のコツ
**赤褐色の茎が地を這（は）って伸びる**
やわらかな茎先を親指と人さし指の爪で挟み切る。

### 調理法

| おひたし | サラダ | きんぴら | 和え物 | 生食 | きんとん | 煮物 |
|---|---|---|---|---|---|---|
| 酢の物 | 餅草 | つくだ煮 | 汁の実 | 卵とじ | 煮びたし | 薬味 |
| 鍋物 | 天ぷら | 漬け物 | 焼き物 | 素揚げ | 菜めし | 蒸し物 |
| 炒め物 | おかゆ | とろろ | そば・うどん | | ラーメン | スパゲティ |

| アクの強さ | ★★ |
|---|---|

塩ひとつまみ加えた熱湯で5分ほど茹で、冷水にとって10分間さらす。特有のぬめりがある。

花は日が差しているときに開く。

スベリヒユの実。

## 成葉

**表**
- 先端はまるい。
- 縁は滑らか（全縁）。
- 葉は厚く、光沢がある。
- ほとんど柄がない。

**裏**
- 裏面にも光沢がある。
- 中央脈の下半分が突出する。

## 茎

太めの茎を四方に伸ばす。

人里

日当たりのよい荒れ地や畑地に生える。

| 注 | 薬 | 春の七種 | | 採取時期 | 1 | 2 | 3 | 4 | 5 | 6 | 7 | 8 | 9 | 10 | 11 | 12 |

← 若葉・若茎・若芽・根 →

# セリ［芹］

**学名**：*Oenanthe javanica*
**分類**：セリ科セリ属
**別名**：アオゼリ、ツヤゼリ、ネジログサ、ヤツバなど

名人おすすめ！

[食べられる部位]
全草／若葉／花／若茎／若芽／根

## 生態
田んぼ、湿地、川べりなどに生える多年草。日本全土に分布。春の七種のひとつに数えられる。

## 特徴
- **形状**：茎は横に這うか、斜めに立ち上がり、20～40cm内外の草丈になる。
- **葉**：1～2回3出の羽状複葉で、互生する。小葉は先の尖った卵形で、縁には粗いギザギザ（鋸歯）がある。
- **花期**：7～8月ごろ、花茎の先に複散形花序を出し、小さな白い5弁花をたくさんつける。
- **その他**：流水ぎわに生えるものを「ミズゼリ」、田に生えるものを「タゼリ」、草地に生えるものを「オカゼリ」などと呼び分けるが、植物学的には同一種。

## 見極め＆採り方のコツ
**葉や茎をちぎると特有の芳香がある**
地中を這う根茎も食用できるが、それごととると絶えてしまうので、若茎を選んで生えぎわから切りとる。5～6月ごろに顔を出す、**毒草**の「ドクゼリ」は、中が空洞の茎を直立させて90～100cm内外の草丈になり、根茎が節のつまったタケノコ状になる。

## 調理法

| おひたし | サラダ | きんぴら | 和え物 | 生食 | きんとん | 煮物 |
| 酢の物 | 餅草 | つくだ煮 | 汁の実 | 卵とじ | 煮びたし | 薬味 |
| 鍋物 | 天ぷら | 漬け物 | 焼き物 | 素揚げ | 菜めし | 蒸し物 |
| 炒め物 | おかゆ | とろろ | そば・うどん | | ラーメン | スパゲティ |

| アクの強さ | ★ |

アク抜きする必要はない。

畑地や草地に生えるものは、茎が長くなる。

川べりを好んで生える

LINK　P16「毒草とはどういうものか」

**成葉** 1〜2回3出の羽状複葉

**表**
- 縁には粗いギザギザがある。
- 葉面には光沢がある。
- 先端が小さく尖る。
- 葉脈はあまり突出しない。

**裏**
- 葉脈ははっきりあらわれる。
- 裏面は色がうすく、光沢がある。

**薬用** 花期の全草を天日乾燥し、鎮痛、下痢止めなどに煎じて服用する。

**花**

夏に白い花をつける。

**人里**

---

## ドクゼリ

全草にシクトキシンを含み、痙攣、おう吐、胃痛、口内灼熱、全身麻痺などを生じ、重度では呼吸停止にいたる。

**花**

ドクゼリの花は、白い小さな5弁花が半球状に集まってつく。

ドクゼリは大きな株になる。

**地下茎**

ドクゼリの地下茎は、節があってタケノコに似る。

**地下茎（内部）**

ドクゼリの地下茎や茎は、内部が空洞。

| 注 | 薬 |

採取時期 | 1 | 2 | **3** | **4** | **5** | **6** | 7 | 8 | 9 | 10 | 11 | 12
全草：3〜6

# タチツボスミレ ［立壺菫］

**学名**：*Viola grypoceras*
**分類**：スミレ科スミレ属
**別名**：特になし

[食べられる部位]：全草

## 生態
明るい林床や林の縁、山道のきわなどに生える多年草で、群生しやすい。日本全土に分布。

## 特徴
- **形状**：数本の茎が斜めに立ち上がって株をつくり、6〜15cm内外の草丈になる。
- **葉**：根生葉は長さ1.5〜4cm内外の心形〜扁心形で、長い柄がある。茎葉もほぼ同じ形だが、上部では三角状になる。
- **花期**：3〜5月ごろ、根生葉の間から花茎を伸ばし、径1.5〜2.5cm内外の淡紫色の唇弁花つける。唇弁には紫色のすじがあり、距は長さ6〜8mm内外の円筒形。
- **その他**：同属の「スミレ」「ノジスミレ」「オオバキスミレ」なども、本種と同様に利用できる。

## 見極め＆採り方のコツ
**紫色のすじがある淡紫色の唇弁花**
全草利用できるが、葉と花だけを根ぎわから摘みとり、根は残しておきたい。

## 調理法
おひたし / 和え物 / 酢の物 / 天ぷら

※ 酢の物は花のみ

**アクの強さ** ★★

塩ひとつまみ加えた熱湯で軽く茹で、冷水にとって5分ほどさらす。

唇弁に紫色のすじがある。

地中に長いひげ根がある。

成葉（根生葉）

表
- 先端は小さく尖るか、鈍頭。
- 葉脈は比較的はっきり出る。
- 縁には粗いギザギザ（鋸歯）がある。
- 長い柄がある。

裏
- 裏面は白緑色。
- 葉脈はほとんど突出しない。

葉

タチツボスミレの葉には長い柄がある。

人里

明るい林床などに群生しやすい。

# タネツケバナ [種漬花]

**採取時期**: 若葉・若茎・若芽 → 3, 4月

[食べられる部位]: 若葉、若茎、若芽

**学名**: *Cardamine flexuosa*
**分類**: アブラナ科タネツケバナ属
**別名**: カラミゼリ、タガラシ、タゼリ、ミズガラシなど

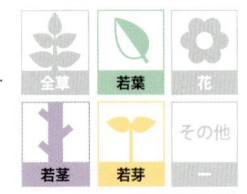

## 生態
田んぼのあぜや小川のへり、湿地などに生える1〜2年草で、日本全土に分布する。稲の種籾を水につけ、苗代にまく季節に白い花が咲くのが名前の由来となった。

## 特徴
- **形状**: 根生葉はロゼット状になり、茎は下部から枝分かれして株状になり、10〜30cm内外の草丈になる。
- **葉**: 長さ3〜7cm内外の羽状複葉で、互生する。小葉は、上葉では3〜11枚、下葉では7〜17枚で、卵形〜長楕円形。
- **花期**: 2〜6月ごろ、茎先に総状花序を出し、径5mm内外の白い十字花を10〜20個つける。花は下から順に咲き上がり、上部の花が咲くころには下部に果実ができていることが多い。
- **その他**: 「タガラシ（田芥子）」の別名がある通り、ピリッとした辛みがある。

## 見極め & 採り方のコツ
**地面に放射状に広がる羽状複葉**
株中央のやわらかな若葉を摘みとる。

## 調理法
おひたし、サラダ、きんぴら、**和え物**、生食、きんとん、煮物、酢の物、餅草、つくだ煮、**汁の実**、卵とじ、煮びたし、薬味、淳物、**天ぷら**、漬け物、焼き物、素揚げ、菜めし、蒸し物、炒め物、おかゆ、とろろ、そば・うどん、ラーメン、スパゲティ

**アクの強さ**: ★★

塩ひとつまみ加えた熱湯で2〜3分茹で、冷水にとって7〜8分さらす。

茎は下部から枝分かれして株状になる。

根生葉はロゼット状になる。

湿り気のある場所に群生しやすい。

## 成葉（根生葉）　羽状複葉

表　先端はまるい。

裏　裏面は緑白色。
葉脈はあまり目立たない。

葉脈はあまり目立たない。

表面には弱い光沢がある。

## 花

白い十字花をつける。

| 注 | 薬 | | 採取時期 | 1 | 2 | 3 | **4** | **5** | 6 | 7 | 8 | 9 | 10 | 11 | 12 |

―若芽―（4・5月）

# タラノキ [楤木]（タラノメ）

名人おすすめ!

[食べられる部位] 若芽

- 学名：*Aralia elata*
- 分類：ウコギ科タラノキ属
- 別名：オンダラ、タラッポ、タランボウ、トゲウド、ヘビノボラズなど

## 生態
日当たりのよい荒れ地や林の縁、やぶぎわなどに生える落葉低木で、伐採地の斜面などにいち早く進入する。北海道、本州、四国、九州に分布。

## 特徴
- **形状**：幹はあまり枝分かれせず直立し、大きなものでは幹の径12cm内外、高さ4mほどにも伸長する。全体に鋭く尖ったトゲにおおわれる。
- **葉**：大型の2回羽状複葉（うじょうふくよう）で、互生する。小葉は長さ5〜12cm内外の卵形で、先端が尖り、縁には不ぞろいの粗いギザギザ（鋸歯）がある。
- **花期**：8〜9月ごろ、幹の先に大型の複総状花序（ふくそうじょうかじょ）をつけ、径2mm内外の小さな白色5弁花を密につける。
- **その他**：全体に大型で、トゲがあまりないものを「メダラ」と呼び、同様に利用できる。

## 見極め＆採り方のコツ
### トゲだらけの幹
手の届かない高い幹上につく場合が多いので、幹を折らずに曲げ、芽先だけを摘みとる。枝先の芽を摘みとると、やや下方に2番芽が出るが、採取するのは2番芽までが限度。3番芽まで摘むと、その枝が枯れてしまう。また、新芽だけを見ると、毒草の「ウルシ」の芽とよく似ていて間違える人が多いが、ウルシには幹や枝にトゲがない。

## 調理法

| おひたし | サラダ | きんぴら | 和え物 | 生食 | きんとん | 煮物 |
|---|---|---|---|---|---|---|
| 酢の物 | 餅草 | つくだ煮 | 汁の実 | 卵とじ | 煮びたし | 薬味 |
| 鍋物 | 天ぷら | 漬け物 | 焼き物 | 素揚げ | 菜めし | 蒸し物 |
| 炒め物 | おかゆ | とろろ | そば・うどん | | ラーメン | スパゲティ |

| アクの強さ | ★ |

アクはほとんどない。焼き物は、葉が開く前のつぼみ状のうちのみ。

**薬用**：樹皮を天日乾燥し、健胃整腸、糖尿病、神経痛などに煎じて服用する。

写真のような芽を摘みとる。

**若芽**

タラノキの若芽。これが「タラノメ」だ。

**花**

タラノキの花。

**実**

タラノキの実。

人里

**若葉**

2回羽状複葉で、小葉は2〜4対。小葉は卵形

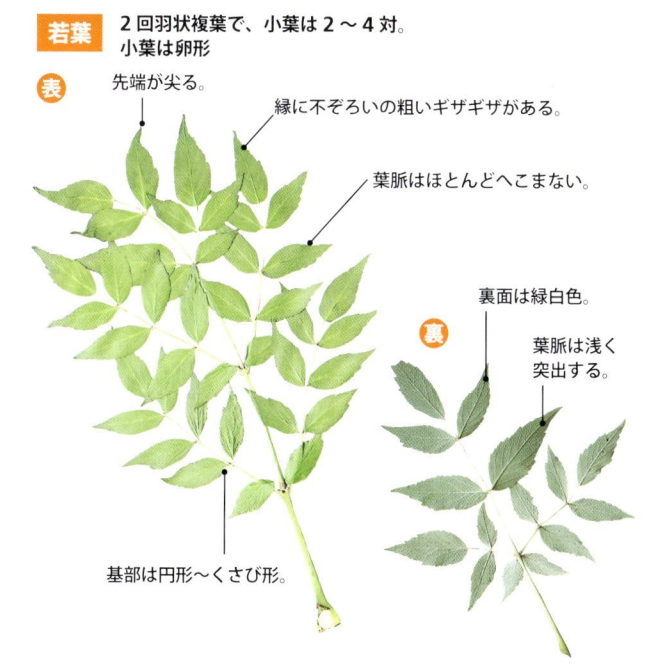

**表**
- 先端が尖る。
- 縁に不ぞろいの粗いギザギザがある。
- 葉脈はほとんどへこまない。
- 基部は円形〜くさび形。

**裏**
- 裏面は緑白色。
- 葉脈は浅く突出する。

**樹皮**

樹皮には鋭いトゲがたくさんある。

| 注 | 薬 | | 採取時期 | 1 | 2 | 3 | 4 | 5 | 6 | 7 | 8 | 9 | 10 | 11 | 12 |

全草：1〜12

# タンポポ [蒲公英]

名人おすすめ！

[食べられる部位]
全草／若葉／花／若茎／若芽／その他

**学名**：*Taraxacum platycarpum* ※カントウタンポポ
**分類**：キク科タンポポ属
**別名**：オジナ、クジナ、タンボグサ、ツヅミグサ、ワジナなど

## 生態
平地から高山までの草地、荒れ地、土手、田畑のあぜ、路傍などに生える多年草。日当たりのよい場所を好む。日本全土に分布。

## 特徴
- **形状**：根生葉を放射状に出し、ロゼットを形成する。
- **葉**：倒披針形で、羽状に深裂する。
- **花期**：多くは3〜6月ごろだが、種によって12〜6月ごろのものもある。「セイヨウタンポポ」はほぼ通年。
- **その他**：葉や茎を傷つけると、白い乳液を分泌する。「ニホンタンポポ」「セイヨウタンポポ」の区別点は、花を支える総苞外片が、前者では反り返らないのに対し、後者ではつぼみのうちから反り返って垂れ下がる。

## 見極め＆採り方のコツ
**羽状に深裂するロゼット葉**
葉は、ロゼット中央部の立っている若葉を選び、根ぎわから切りとる。根は全部を掘りとらず、一部を残すようにしたい。

## 調理法

| おひたし | サラダ | きんぴら | 和え物 | 生食 | きんとん | 煮物 |
|---|---|---|---|---|---|---|
| 酢の物 | 胡草 | つくだ煮 | 汁の実 | 卵とじ | 煮びたし | 薬味 |
| 鍋物 | 天ぷら | 漬け物 | 焼き物 | 葉揚げ | 菜めし | 蒸し物 |
| 炒め物 | おかゆ | とろろ | そば・うどん | | ラーメン | スパゲティ |

※ 花はサラダ・酢の物・天ぷら。根はきんぴら・炒め物・味噌漬け。酢の物は花のみ、きんぴらは根と葉柄のみ、漬け物は根のみ

| アクの強さ | ★★ |

塩ひとつまみ加えた熱湯で5分ほど茹で、冷水にとって7〜8分さらす。

**薬用** 開花前の全草を天日乾燥させ、消化不良、胃腸薬、便秘、解熱などに煎じて服用する。

### タンポポの分け方
植物分類上では、日本在来のタンポポは「カントウタンポポ」「エゾタンポポ」「カンサイタンポポ」「シロバナタンポポ」など、20種以上に分けられる。これら日本在来種を総称して「ニホンタンポポ」と呼び、明治時代初期に移入されて帰化した「セイヨウタンポポ」と区別する。

若い株を根ごと摘みとる。

## 成葉（カントウタンポポ） 不規則な羽状に切れ込む

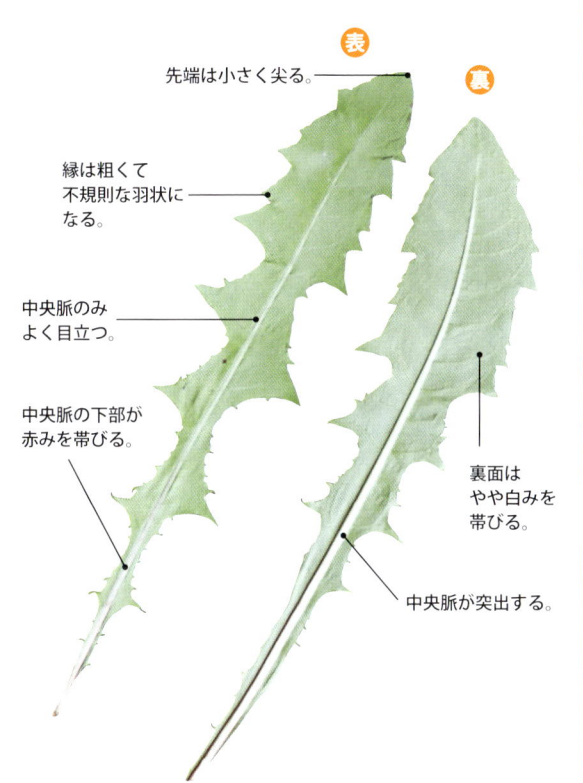

表／裏

- 先端は小さく尖る。
- 縁は粗くて不規則な羽状になる。
- 中央脈のみよく目立つ。
- 中央脈の下部が赤みを帯びる。
- 裏面はやや白みを帯びる。
- 中央脈が突出する。

### カンサイタンポポ
頭花がやや小さいカンサイタンポポ。

### セイヨウタンポポ
反り返る

花の下の総苞外片が下向きに反り返る。

### セイヨウタンポポ（種子）
セイヨウタンポポの種子。

人里

### カントウタンポポ
カントウタンポポ。
花の下の総苞外片が反り返らない。

反り返らない

注 | 薬

採取時期 | 1 | 2 | 3 | 4 | 5 | **6** | **7** | **8** | **9** | 10 | 11 | 12

← 若葉・花・若茎・若芽 →

# ツユクサ [露草]

学名：*Commelina communis*
分類：ツユクサ科ツユクサ属
別名：アイバナ、アオバナ、オモイグサ、カマツカ、ツキクサ、ボウシバナ、ホタルグサなど

[食べられる部位]
全草 | 若葉 | 花
若茎 | 若芽 | その他

## 生態
林の縁の草やぶ、荒れ地、畑地、溝ぎわ、路傍（ろぼう）などに生える1年草で、湿り気のある場所を好んで群生しやすい。日本全土に分布。

## 特徴
- 形状：はじめは地を這（は）うが、成長につれて立ち上がり、40〜60cm内外の草丈になる。
- 葉：長さ5〜7cm内外、幅10〜25mm内外の卵状披針形（ひしん）で、やや厚みがあるがやわらかい。先端は尖り、基部は膜質のサヤ状となる。
- 花期：6〜9月ごろ、茎先についた広心形の苞（ほう）の中から、上向きの2枚の花弁をもったコバルトブルーの蝶形花を1個ずつ開く。花は早朝に開いて夕方にしぼむ。
- その他：花から絞りとった青い液は、現在も「加賀友禅（かがゆうぜん）」の下絵染料として利用されている。

## 見極め＆採り方のコツ
**青い蝶形花が目印**
やわらかい茎を選び、葉や花ごと摘みとるが、かための茎も皮をむけば利用できる。

## 調理法

| おひたし | サラダ | きんぴら | 和え物 | 生食 | きんとん | 煮物 |
| 酢の物 | 餅草 | つくだ煮 | 汁の実 | 卵とじ | 煮びたし | 薬味 |
| 鍋物 | 天ぷら | 漬け物 | 焼き物 | 素揚げ | 菜めし | 蒸し物 |
| 炒め物 | おかゆ | とろろ | そば・うどん | | ラーメン | スパゲティ |

アクの強さ | ★★

塩ひとつまみ加えた熱湯で5分ほど茹で、冷水にとって7〜8分さらす。

**薬用** 花期の全草を天日乾燥し、利尿（りにょう）、解熱、下痢止め（げりどめ）などに煎じて服用する。

花

コバルトブルーの蝶形花を1個ずつつける。

## 成葉（茎葉）

- 先端は尖る。
- 表
- 縁は滑らか（全縁）。
- 中央脈が浅くくぼむ。
- 裏
- 裏面は緑白色。
- 葉質は厚みがあるがやわらかい。
- 中央脈が少し突出する。

やわらかな茎先を摘みとる。

茎は地を這い、節から細長い根を出す。

人里

湿り気のある場所に群生する。

注 | 薬 | 春の七種

採取時期 ←若葉・若芽・根→ **1 2 3 4** 5 6 7 8 9 10 11 12

# ナズナ [薺]

学名：*Capsella bursa-pastoris*
分類：アブラナ科ナズナ属
別名：シャミセングサ、ナデナ、ペンペングサ

[食べられる部位]
全草 | **若葉** | 花
若茎 | **若芽** | **根**

## 生態
畑地、草むら、路傍などに生える2年草。日当たりのよい場所を好む。日本全土に分布。春の七種のひとつ。

## 特徴
- **形状**：地面に葉を広げて冬を越し、翌春早くに花茎を伸ばして10～40cm内外の草丈になる。
- **葉**：根出葉は地面に伏し、頭大羽状に分裂する。茎葉は柄がなく、披針形で縁に粗いギザギザ（鋸歯）がある。
- **花期**：3～6月ごろ、茎先に総状花序を出し、白い小さな十字花をたくさんつける。
- **その他**：花の後、三味線のバチに似た倒三角形の果実を結ぶところから「シャミセングサ」「ペンペングサ」の別名がある。

## 見極め＆採り方のコツ
**三味線のバチに似た果実**
やわらかな根出葉を摘みとる。根は花茎が立ったものを引き抜く。

## 調理法

| おひたし | サラダ | きんぴら | 和え物 | 生食 | きんとん | 煮物 |
| 酢の物 | 餅草 | つくだ煮 | 汁の実 | 卵とじ | 煮びたし | 薬味 |
| 鍋物 | 天ぷら | 漬け物 | 焼き物 | 素揚げ | 菜めし | 蒸し物 |
| 炒め物 | おかゆ | とろろ | そば・うどん | | ラーメン | スパゲティ |

※ 根はきんぴら・漬け物・汁の実・菜めし・おかゆ、若葉はおひたし・和え物・煮物・漬け物・汁の実・菜めし・おかゆ

アクの強さ ★★

塩ひとつまみ加えた熱湯で7～8分茹で、冷水にとって10分ほどさらす。

**薬用** 花期の全草を天日乾燥し、利尿、解熱に煎じて服用する。

根生葉はロゼット状。

人里

三味線のバチに似た特徴の
ある果実をつける。

**根生葉** 羽状に分裂

先端の頂裂片が
もっとも大きい。

表

茎葉は基部が
茎を抱く。

裏

葉脈が浅く突出する。

裏面は色がややうすい。

やわらかな茎先を摘む。

**茎葉**

表  裏

披針形で、
柄がない

縁は粗い
ギザギザ状になる。

葉柄が紫褐色を帯びる。

| 注 | 薬 | | 採取時期 | 1 | 2 | **3** | **4** | **5** | 6 | 7 | **8** | **9** | **10** | 11 | 12 |

若芽: 3-5／花: 8-10

# ナンテンハギ ［南天萩］

**名人おすすめ！**

[食べられる部位]
全草／若葉／**花**／若茎／**若芽**／その他

学名：*Vicia unijuga*
分類：マメ科ソラマメ属
別名：アズキナ、アズキハギ、タニワタシ、フタバハギなど

## 生態
林の縁、土手、畑地のきわなどに生える多年草で、日当たりのよい肥えた土地を好む。北海道、本州、四国、九州に分布。

## 特徴
- **形状**：木質の太い根茎（こんけい）から角ばった茎を束状に伸ばし、30〜80cm内外の草丈になる。
- **葉**：2枚の小葉からなる複葉で、茎に互生（ごせい）する。小葉は長さ4〜7cm内外、幅1.5〜4cm内外の卵形で、先が尖り、縁が滑らか（全縁（ぜんえん））。
- **花期**：6〜10月ごろ、葉のわきから長さ3〜10cm内外の総状花序（そうじょうかじょ）を伸ばし、長さ12〜18mm内外の帯紫紅色の蝶形花を10個くらいつける。
- **その他**：葉が「ナンテン」の葉に似ているのが種名の由来。

## 見極め＆採り方のコツ
**2枚の小葉が対になった若芽**
やわらかな芽先を爪先で挟み切るようにして摘みとる。

## 調理法

| おひたし | サラダ | きんぴら | 和え物 | 生食 | きんとん | 煮物 |
|---|---|---|---|---|---|---|
| 酢の物 | 餅草 | つくだ煮 | 汁の実 | 卵とじ | 煮びたし | 薬味 |
| 鍋物 | 天ぷら | 漬け物 | 焼き物 | 素揚げ | 菜めし | 蒸し物 |
| 炒め物 | おかゆ | とろろ | そば・うどん | | ラーメン | スパゲティ |

※ 花は酢の物・和え物のみ、若芽は酢の物以外の該当料理すべて

| アクの強さ | ★★★ |
|---|---|

塩ひとつまみ加えた熱湯で軽く茹で、冷水にとって5分ほどさらす。

**若芽**
ナンテンハギの若芽。この芽先を摘みとる。

**花**
帯紫紅色のナンテンハギの花。

日当たりのよい土地に群生する。

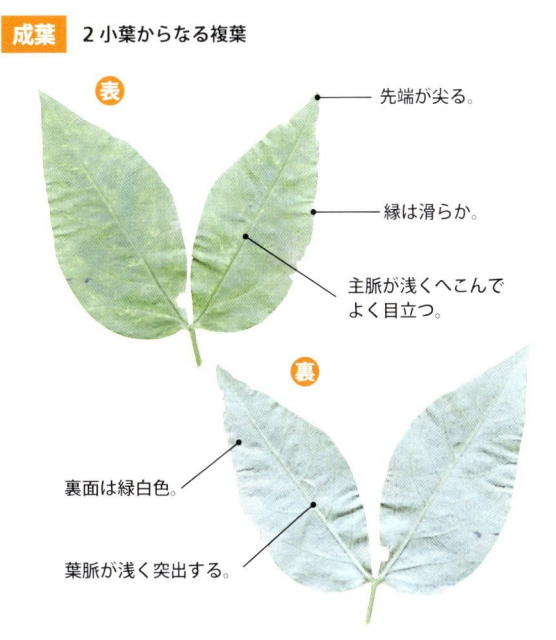

**成葉** 2小葉からなる複葉

表 ─ 先端が尖る。
─ 縁は滑らか。
─ 主脈が浅くへこんで よく目立つ。

裏
裏面は緑白色。
葉脈が浅く突出する。

葉は、2枚の小葉からなる複葉。

103

| 注 | 薬 | | 採取時期 | 1 | **2** | **3** | **4** | **5** | 6 | 7 | 8 | 9 | 10 | 11 | 12 |

若芽

# ニワトコ［庭常／接骨木］

**名人おすすめ！**

[食べられる部位]：若芽

**学名**：*Sambucus racemosa*
**分類**：スイカズラ科ニワトコ属
**別名**：コブノキ、タズ、タズノキ、タズバなど

## 生態
平地から海抜2000m以上の山地までの原野や谷間、林の縁などに生える落葉性小高木。北海道、本州、四国、九州に分布する。

## 特徴
- **形状**：根元から枝分かれし、弧状に広く張るが、幹はもろく折れやすい。1.5～5m内外の高さになる。
- **葉**：3～5対の奇数羽状複葉で、互生する。小葉は長さ4～12cm内外の楕円状披針形で、先端は尖り、縁には細かいギザギザ（鋸歯）がある。
- **花期**：3～5月ごろ、新枝の先に散房花序を出し、径3～5mm内外の小さな白い5弁花を密につける。
- **その他**：花の後、径4mm内外の球形の核果を結び、6～8月ごろ紅く熟す。近縁の「エゾニワトコ」も本種同様に利用できる。

## 見極め＆採り方のコツ
花のつぼみがブロッコリーに似ている葉が開く前の新芽を摘みとる。

## 調理法

| おひたし | サラダ | きんぴら | 和え物 | 生食 | きんとん | 煮物 |
|---|---|---|---|---|---|---|
| 酢の物 | 餅草 | つくだ煮 | 汁の実 | 卵とじ | 煮びたし | 薬味 |
| 鍋物 | 天ぷら | 漬け物 | 焼き物 | 素揚げ | 菜めし | 蒸し物 |
| 炒め物 | おかゆ | とろろ | そば・うどん | | ラーメン | スパゲティ |

**アクの強さ** ★★★★

塩ひとつまみ加えた熱湯で15分ほど茹で、冷水にとって一晩さらす。おいしい山菜だが、青酸配糖体を含むため、食べ過ぎると下痢やおう吐を起こすことがある。

**薬用**：盛夏の葉を天日乾燥させ、腫れものなどに煎じて服用するほか、関接の痛みなどに葉を煎じた液で温湿布する。

**果実**

花の後、球形の実を結び、紅く熟す。

**若芽**

ニワトコの若芽。この芽を摘みとる。

**花**

小さな白い花をたくさんつける。

**人里**

**若葉** 奇数羽状複葉で、小葉は楕円状披針形

- 縁に細かいギザギザがある。
- 脈はあまりへこまない。
- 表
- 先端は鋭く尖る。
- 基部はくさび形〜円形。
- 裏面の色は表面よりやや薄い。
- 主脈以外はほとんど突出しない。
- 裏

**新芽**

ニワトコの芽吹き。

**樹皮**

成木の樹皮は灰褐色。

105

注薬

採取時期　●──若葉・若茎・若芽──●
1 | **2** | **3** | **4** | **5** | **6** | 7 | 8 | 9 | 10 | 11 | 12

# ノゲシ［野芥子］

学名：*Sonchus oleraceus*
分類：キク科ハチジョウナ属
別名：ハルノノゲシ

［食べられる部位］
全草 / **若葉** / 花
**若茎** / **若芽** / その他

## 生態
日当たりのよい草やぶや荒れ地、路傍(ろぼう)、海辺の草地などにふつうに見られる1～2年草。日本全土に分布する。

## 特徴
● 形状：太めで中が空洞の茎を直立させ、1m内外の草丈になる。ギザギザ（鋸歯(きょし)）が発達した大型の葉の姿から、一見すると食用には不向きのように見えるが、葉も茎も意外にやわらかい。
● 葉：不規則な羽状に裂けやすく、縁にはギザギザが発達し、裂片やギザギザの先端はトゲ状になる。茎の上部の葉は、基部が茎を抱く。
● 花期：3～10月ごろ、茎先に径2cm内外の黄色～帯黄白色の舌状花よりなる頭花をたくさんつける。総苞(そうほう)は基部がふくらみ、上部が巾着(きんちゃく)状に急に細くなる。
● その他：茎や葉をちぎると、白い乳液を分泌する。

## 見極め＆採り方のコツ
**茎も葉も全体に青白い感じ**
株の中心部のやわらかな葉を選び、茎先ごと摘みとる。似ている山菜に「オニノゲシ」があるが、本種と比べて全体に大型で、葉が厚く光沢があり、羽状の切れ込みも著しく、裂片や縁のギザギザ、先端のトゲもかたくて痛い。やわらかな若葉は、本種同様に利用できる。

## 調理法

| おひたし | サラダ | きんぴら | 和え物 | 生食 | きんとん | 煮物 |
|---|---|---|---|---|---|---|
| 酢の物 | 餅草 | つくだ煮 | 汁の実 | 卵とじ | 煮びたし | 薬味 |
| 鍋物 | 天ぷら | 漬け物 | 焼き物 | 素揚げ | 菜めし | 蒸し物 |
| 炒め物 | おかゆ | とろろ | そば・うどん | | ラーメン | スパゲティ |

| アクの強さ | ★★ |
|---|---|

塩ひとつまみ加えた熱湯で5分ほど茹で、冷水にとって5～6分さらす。

花

ノゲシの花。

人里

**茎葉** 不規則な羽状に裂ける

縁には不規則で粗いギザギザが発達する。

先端は尖ってトゲ状になる。

表

幅の広い中央脈がよく目立つ。

基部が茎を抱く。

裏面は緑白色。

裏

中央脈が突出する。

荒れ地や路傍でふつうに見られる。

**新芽**

ノゲシの新芽。

| 注 | 薬 | | | | | | | | | | | | |
|---|---|---|---|---|---|---|---|---|---|---|---|---|---|

採取時期: 1 2 3 4 5 6 7 8 9 10 11 12
(若葉・鱗茎: 通年対象、10〜5月)

# ノビル［野蒜］

**名人おすすめ！**

[食べられる部位] 若葉／鱗茎

- 学名：*Allium grayi*
- 分類：ユリ科ネギ属
- 別名：コビル、タマビル、ヒルナ、ヒロ、ヒロコ、メビルなど

## 生態
田畑のあぜや土手、路傍などに群生する多年草。晩秋に芽を出して越冬し、翌年の初夏に花をつけ、夏に地上部が枯れる。日本全土に分布。

## 特徴
- **形状**：小型のネギ状で、数本〜数十本がかたまって生える。葉の高さは20〜30cm内外だが、花茎は50〜80cm内外になる。
- **葉**：断面が三日月形で、中は空洞。長さ20〜30cm内外。
- **花期**：5〜6月ごろ、50〜80cm内外に伸びた花茎の先に散形花序を出し、白色または淡紅紫色の花をつけるが、花は咲かずにムカゴ（珠芽）になるものが多い。
- **その他**：地中の鱗茎は白色の類球形。

## 見極め＆採り方のコツ
**全体に強いニラのにおいがある**

鱗茎を掘りとるときは、葉を握って引き抜くと途中で切れやすいので、スコップで掘るようにしたい。「アサツキ」に似るが、アサツキは葉の断面が円形で、鱗茎がラッキョウ形。

## 調理法
| おひたし | サラダ | きんぴら | 和え物 | 生食 | きんとん | 煮物 |
|---|---|---|---|---|---|---|
| 酢の物 | 餅草 | つくだ煮 | 汁の実 | 卵とじ | 煮びたし | 薬味 |
| 鍋物 | 天ぷら | 漬け物 | 焼き物 | 素揚げ | 菜めし | 蒸し物 |
| 炒め物 | おかゆ | とろろ | そば・うどん | | ラーメン | スパゲティ |

**アクの強さ**：★

アク抜きする必要はない。

LINK P48 アサツキ

**花**

白色または淡紅紫色の花をつける。

**鱗茎**

鱗茎は白色の類球形。

**鱗茎**

鱗茎は地中深くにあって、無理に引き抜くと途中でちぎれるので、スコップで掘るようにしたい。

人里

| 注 | 薬 | 春の七種 |

採取時期 ←若葉・若茎・若芽→ 1 2 3 4 5 6 7 8 9 10 11 12

# ハハコグサ［母子草 / 御形］

学名：*Gnaphalium affine*
分類：キク科ハハコグサ属
別名：オギョウ、ゴギョウ、ホウコグサ、モチグサなど

[食べられる部位]
全草 / 若葉 / 花 / 若茎 / 若芽 / その他

## 生態
田畑のあぜや野原に生える2年草で、日本全土に分布する。春の七種のひとつ「オギョウ」は本種のこと。

## 特徴
- **形状**：晩秋に芽を出して冬を越し、茎は根元から枝を分けて立ち上がり、15〜40cm内外の草丈になる。
- **葉**：長さ2〜6cm内外、幅4〜12mm内外の倒披針形で柄がなく、両面とも白い綿毛に被われる。互生。
- **花期**：4〜6月ごろ、茎先に黄色で丸い頭花を散房状に密につける。
- **その他**：若芽の姿が似ている「ヤマハハコ（ヤマハココ属）」も、ほぼ同様に利用できる。

## 見極め＆採り方のコツ
**茎も葉も白い綿毛をかぶり、白っぽく見える**
株の中央部のやわらかな葉や茎を摘みとる。

## 調理法
| おひたし | サラダ | きんぴら | 和え物 | 生食 | きんとん | 煮物 |
| 酢の物 | 餅草 | つくだ煮 | 汁の実 | 卵とじ | 煮びたし | 薬味 |
| 鍋物 | 天ぷら | 漬け物 | 焼き物 | 素揚げ | 菜めし | 蒸し物 |
| 炒め物 | おかゆ | とろろ | そば・うどん | | ラーメン | スパゲティ |

アクの強さ ★★

塩ひとつまみ加えた熱湯でさっと茹で、冷水にとって4〜5分さらす。

**薬用**：花期の全草を天日乾燥させ、気管支炎やせき止めなどに煎じて服用する。

やわらかな芽先を摘みとる。

葉

ハハコグサの若い根生葉。

人里

根元から株を分けて立ち上がり、黄色い花をつける。

# ハリエンジュ［針槐］

採取時期：5〜6月（花）

[食べられる部位] 花

学名：*Robinia pseud-acacia*
分類：マメ科ハリエンジュ属
別名：ニセアカシア

## 生態
北アメリカ原産の落葉性高木。日本には明治時代初期に移入され、砂防林や街路樹として全国的に広く植林されるほか、野生化もしている。

## 特徴
- **形状**：樹皮は暗灰色で網目状の割れ目があり、幹は直立して10〜20m内外の高さになる。若木や若枝には鋭いトゲがあり、これが種名の由来。
- **葉**：9〜19枚の小葉からなる奇数羽状複葉で、互生する。小葉は長さ2〜5cm内外、幅1〜2.5cm内外の卵状楕円形で、先端も基部もまるみを帯びる。
- **花期**：5〜6月ごろ、枝先の葉のわきから長さ10〜15cm内外の総状花序を垂れ下げ、白く甘い芳香のある蝶形花を房状につける。
- **その他**：花の後、長さ5〜10cm内外の広線形で扁平な莢果を結ぶ。

## 見極め＆採り方のコツ
**甘い香りのする白い花を
ブドウの房のようにつける**

開花したばかりの新しい花を選んで、房ごと摘みとる。

## 調理法
酢の物／天ぷら／素揚げ

**アクの強さ**：★
アクはほとんどない。

斜めに大きく枝を伸ばす。

花は蝶形花で、甘い香りがある。

**花** 長さ10〜20cm内外の白い房状の花をつける。

**成葉** 9〜19小葉からなる奇数羽状複葉

先端はまるみを帯びる。
縁は滑らか（全縁）。

**表**

葉脈は、主脈以外はあまり目立たない。

ときに先端が切れ込むものもある。

裏面は緑白色。

主脈が浅く突出する。

**裏**

**樹皮**

成木の樹皮は、網目状の割れ目ができる。

注 薬

採取時期 | 1 | 2 | 3 | **4** | **5** | **6** | 7 | 8 | 9 | 10 | 11 | 12

若葉・若芽

# ハリギリ［針桐］

名人おすすめ！

[食べられる部位]
全草 / **若葉** / 花
若茎 / **若芽** / その他

学名：*Kalopanax pictus*
分類：ウコギ科ハリギリ属
別名：オニダラ、センノキ、テングノウチワなど

## 生態
丘陵〜山地の林内に生える落葉高木。日本全土に分布する。

## 特徴
- **形状**：幹は直立し、よく枝を分けて20m内外の高さになる。樹皮は灰褐色で、幹や枝には鋭いトゲがびっしりと生える。
- **葉**：5〜9中裂する長さ10〜30cm内外の掌状で、長い柄があり、枝先に集まって互生する。
- **花期**：7〜8月ごろ、枝先に淡黄緑色の小さな4〜5弁花を球状に集めてたくさんつける。
- **その他**：花の後、径4〜5mm内外の球形の果実を結び、秋に黒く熟す。材を桶などの栓として用いたところから「センノキ(栓の木)」と呼ぶ地方が多い。

## 見極め＆採り方のコツ
**幹や枝が鋭いトゲに被われる**
葉が開く前の若芽か、光沢のある若葉を摘みとる。

## 調理法

| おひたし | サラダ | きんぴら | 和え物 | 生食 | きんとん | 煮物 |
|---|---|---|---|---|---|---|
| 酢の物 | 餅草 | つくだ煮 | 汁の実 | 卵とじ | 煮びたし | 薬味 |
| 鍋物 | 天ぷら | 漬け物 | 焼き物 | 素揚げ | 菜めし | 蒸し物 |
| 炒め物 | おかゆ | とろろ | そば・うどん | | ラーメン | スパゲティ |

| アクの強さ | ★★★ |
|---|---|

塩ひとつまみ加えた熱湯で5分ほど茹で、冷水にとって7〜8分さらす。

側芽
側芽をたくさん出す。

樹形
下部から枝を分け、上部の枝は横に広がる。

**幼木**

葉は掌状に5〜9中裂する。

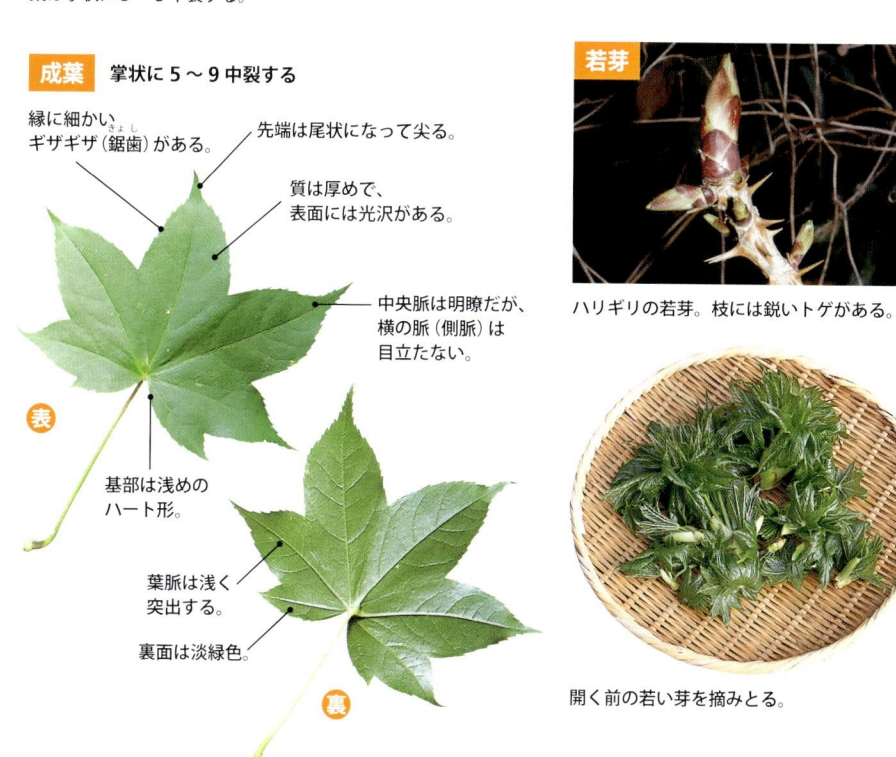

**成葉** 掌状に5〜9中裂する

- 縁に細かいギザギザ（鋸歯）がある。
- 先端は尾状になって尖る。
- 質は厚めで、表面には光沢がある。
- 中央脈は明瞭だが、横の脈（側脈）は目立たない。
- 基部は浅めのハート形。
- 葉脈は浅く突出する。
- 裏面は淡緑色。

表　裏

**若芽**

ハリギリの若芽。枝には鋭いトゲがある。

開く前の若い芽を摘みとる。

人里

| 注 | 薬 |

採取時期：3・4・5・6・7（若葉・若茎・若芽）

# ハルジオン ［春紫苑］

**学名**：*Erigeron philadelphicus*
**分類**：キク科ムカシヨモギ属
**別名**：ビンボウグサ

[食べられる部位]：若葉／若茎／若芽

## 生態
大正時代に渡来した、北アメリカ原産の帰化植物。畑地、市街地の空き地、路傍、線路ぎわなど、人家周辺に多く生える多年草。前年の秋に芽を出し、根生葉を出したまま冬を越す。現在のところ、本州各地に野生化する。

## 特徴
- **形状**：春に中が空洞の茎を伸ばし、30〜60cm内外の草丈になる。
- **葉**：根生葉は長さ8cm内外、幅2cm内外の長楕円形で、縁が粗いギザギザ（鋸歯）となり、花期まで残る。茎葉は互生し、柄がなく、基部が茎を抱く。
- **花期**：4〜8月ごろ、分枝した茎先に径2〜2.5cm内外の白色〜淡紅色の頭花をつける。つぼみのうちは、枝ごと下向きに垂れ下がるのが大きな特徴。
- **その他**：暖地では、ほぼ通年花を咲かせる。

## 見極め＆採り方のコツ
**つぼみが枝ごと下向きに垂れる**
やわらかな根生葉か、開花前の芽先を摘む。

## 調理法
おひたし／和え物／煮物／鍋物

**アクの強さ**：★★★

塩ひとつまみ加えた熱湯で7〜8分茹で、冷水にとって10分ほどさらす。

花期になっても根生葉は残る。

ハルジオンの花。つぼみが枝ごと下向きに垂れ下がる。

**若葉**

顔を出したばかりの根生葉。こんな若い葉がおいしい。

**根生葉**

縁に粗いギザギザがある。

先端が小さく尖る。

表

中央脈が白っぽく
くぼんでよく目立つ。

基部が
赤みを帯びる。

裏面は色がややうすい。

主脈上に
短い毛が生える。

裏

葉脈が突出する。

**人里**

**茎葉**

ハルジオンの茎葉は、基部が茎を抱く。

| 注 | 薬 | | 採取時期 | 1 | 2 | 3 | 4 | 5 | 6 | 7 | 8 | 9 | 10 | 11 | 12 |

● 若葉・花・若芽・葉柄・花茎 ●

# フキ [蕗]（フキノトウ）

名人おすすめ！

[食べられる部位]
全草／若葉／花／若茎／若芽／その他（葉柄・花茎）

- **学名**：*Petasites japonicus*
- **分類**：キク科フキ属
- **別名**：アオブキ、アカブキ、ノブキ、ミズブキ、ヤマブキなど

## 生態

平地から山地までの荒れ地、野原、土手、川辺、路傍（ろぼう）などに広く生える多年草で、湿り気のある場所を好む。春早くに顔を出す「フキノトウ」は花茎（かけい）にあたり、葉は花の後に出る。本州、四国、九州、沖縄に分布する。

## 特徴

- **形状**：フキノトウと呼ばれる花茎は、うすい鱗片葉（りんぺんよう）に包まれた球形で、花を咲かせた後に30〜40cm内外の高さになる。花の後、地中の茎から葉を伸ばし、1m内外の高さになる。
- **葉**：長い葉柄（ようへい）の先に、径15〜30cm内外の大型の腎円形で、縁に粗いギザギザ（鋸歯（きょし））がある葉を水平に開く。
- **花期**：雌雄異株（しゆういしゅ）。2〜6月ごろ、花茎の先に散房状に頭花をつける。雌株の花は白色、雄株の花は黄色。
- **その他**：本州北部と北海道に分布する大型の「アキタブキ」があり、同様に利用できる。

## 見極め＆採り方のコツ

**大型の腎円形の葉**

フキノトウは、鱗片葉が開く前のものを摘みとる。葉柄は5〜9月ごろの成長した葉の柄を採取する。

## 調理法

| おひたし | サラダ | きんぴら | 和え物 | 生食 | きんとん | 煮物 |
| 酢の物 | 餅草 | つくだ煮 | 汁の実 | 卵とじ | 煮びたし | 薬味 |
| 鍋物 | 天ぷら | 漬け物 | 焼き物 | 素揚げ | 菜めし | 蒸し物 |
| 炒め物 | おかゆ | とろろ | そば・うどん | | ラーメン | スパゲティ |

※ 花茎はおひたし・和え物・きんぴら・酢の物・つくだ煮・汁の実・天ぷら・漬け物、若葉は煮物・つくだ煮、葉柄はおひたし・和え物・煮物・つくだ煮・漬け物・汁の実

**アクの強さ** ★★★★★

塩ひとつまみ加えた熱湯で10分ほど茹で、冷水にとって30分さらす。柄は皮をむいてから使用する。

**薬用**：フキノトウを天日乾燥し、せき止め、健胃（けんい）などに煎じて服用する。

葉

フキの成葉。成長したフキは葉柄を食べる。

**成葉**

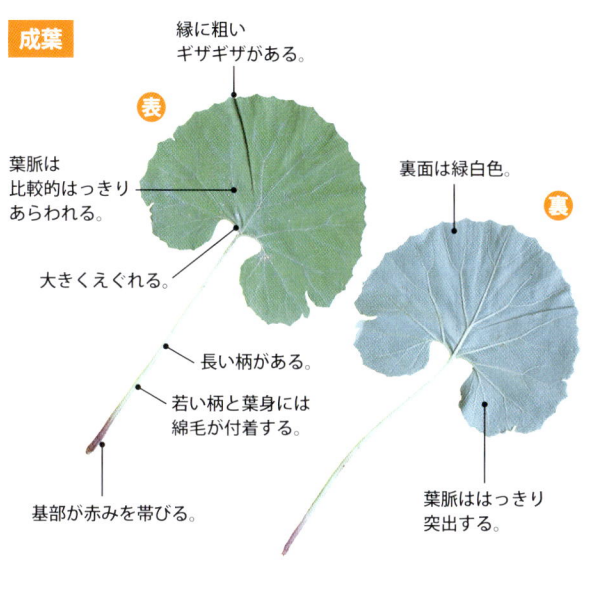

**表**
- 縁に粗いギザギザがある。
- 葉脈は比較的はっきりあらわれる。
- 大きくえぐれる。
- 長い柄がある。
- 若い柄と葉身には綿毛が付着する。
- 基部が赤みを帯びる。

**裏**
- 裏面は緑白色。
- 葉脈ははっきり突出する。

**花**

フキは雌雄異株で、雌花は白色、雄花は黄色。

**人里**

雪解けとともに顔を出すフキノトウは、フキの花茎。

| 注 | 薬 | | 採取時期 | 1 | 2 | 3 | 4 | 5 | 6 | 7 | 8 | 9 | 10 | 11 | 12 |

━若葉・若茎・若芽━

# ベニバナボロギク [紅花襤褸菊]

[食べられる部位]

全草 / 若葉 / 花 / 若茎 / 若芽 / その他

学名：*Crassocephalum crepidioides*
分類：キク科ベニバナボロギク属
別名：ショウワグサ、ナンヨウシュンギク

## 生態

アフリカ原産の帰化種。伐採地や造成地を中心に、市街地の空き地にまで生える1年草。第二次世界大戦時には、東南アジア各地に出征した兵士たちが、「昭和草」「南洋春菊」と呼んで現地食として利用した歴史がある。日本本土には、第二次世界大戦時に移入し、現在では本州、四国、九州、沖縄に広く野生化する。

## 特徴

- 形状：茎は直立して、50〜80cm内外の草丈になる。
- 葉：やわらかな葉質で、互生する。上部の葉は倒卵状楕円形、下部の葉は羽状に切れ込み、ともに基部近くにひれ状の羽片がある。
- 花期：8〜10月ごろ、茎先の総状花序に先端が朱紅色の筒状花をつけるが、頭花は花序ごと下向きに垂れ下がる。
- その他：ちぎると「春菊」に似た香りがある。

## 見極め＆採り方のコツ

ちぎると「春菊」に似た香りがするやわらかな茎先を選んで摘みとる。

## 調理法

| おひたし | サラダ | きんぴら | 和え物 | 生食 | きんとん | 煮物 |
| 酢の物 | 餅草 | つくだ煮 | 汁の実 | 卵とじ | 煮びたし | 薬味 |
| 鍋物 | 天ぷら | 漬け物 | 焼き物 | 素揚げ | 蒸めし | 蒸し物 |
| 炒め物 | おかゆ | とろろ | そば・うどん | | ラーメン | スパゲティ |

アクの強さ ★★★

塩ひとつまみ加えた熱湯で7〜8分茹で、冷水にとって10分ほどさらす。

花

先端が朱紅色の頭花を下向きにつける。

**果実**

花の後、綿状の果実を結び、風で飛び散る。

茎を切ると、白い髄があらわれる。

写真のようなやわらかい芽先を摘みとる。

**下部の茎葉**

先端は尖る。

表　裏

縁に粗いギザギザ（鋸歯）がある。

羽状に切れ込む。

葉脈は浅くへこんではっきりあらわれる。

裏面の色はややうすい。

葉脈は、はっきり突出して目立つ。

人里

注 薬

採取時期 | 1 | 2 | 3 | 4 | 5 | 6 | 7 | 8 | 9 | 10 | 11 | 12
（4・5が若葉・若芽／6・7・8が花）

# ホタルブクロ ［蛍袋］

学名：*Campanula punctata*
分類：キキョウ科ホタルブクロ属
別名：チョウチンバナ、ツリガネソウなど

［食べられる部位］全草／若葉／花／若茎／若芽

## 生態
山野の草地や林の縁などに生える多年草。北海道南部、本州、四国、九州に分布する。

## 特徴
- 形状：茎は直立して40〜80cm内外の草丈になり、全体に粗い毛が密生する。
- 葉：根生葉は卵円形で長い柄がある。茎葉は長卵形で先が尖り、縁には粗いギザギザ（鋸歯）があって互生する。
- 花期：6〜8月ごろ、上部で分枝した枝先に長さ4〜5cm内外で先端が5裂した白色または淡紅紫色の釣鐘形の花を下向きにつける。
- その他：近縁の「ヤマホタルブクロ」も同様に利用できる。

## 見極め＆採り方のコツ
**白色または淡紅紫色の釣鐘形花を下向きにつける**
やわらかな根生葉か茎先を摘みとる。花も開花直後の新しいものを選ぶ。

## 調理法

| おひたし | サラダ | きんぴら | 和え物 | 生食 | きんとん | 煮物 |
|---|---|---|---|---|---|---|
| 酢の物 | 餅草 | つくだ煮 | 汁の実 | 卵とじ | 蒸びたし | 薬味 |
| 鍋物 | 天ぷら | 漬け物 | 焼き物 | 素揚げ | 菜めし | 蒸し物 |
| 炒め物 | おかゆ | とろろ | そば・うどん | ラーメン | スパゲティ | |

※ 花は酢の物・サラダ、若葉と若芽はそれ以外の該当料理すべて

アクの強さ：★★★★

塩ひとつまみ加えた熱湯で10分ほど茹で、冷水にとって2〜3時間さらす。

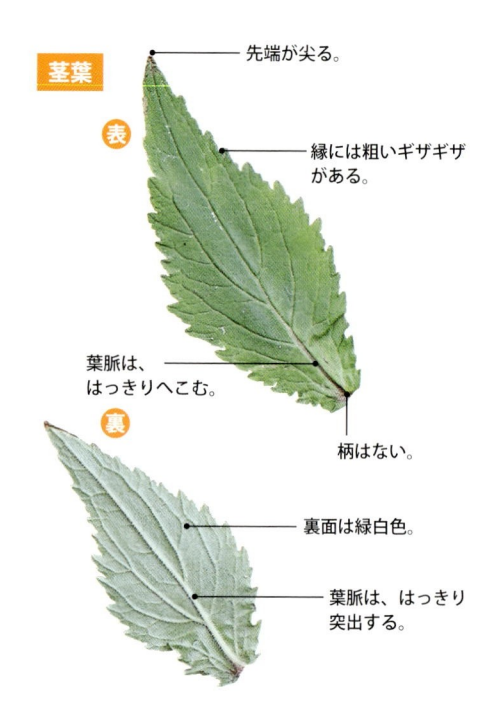

### 茎葉

表：
- 先端が尖る。
- 縁には粗いギザギザがある。
- 葉脈は、はっきりへこむ。
- 柄はない。

裏：
- 裏面は緑白色。
- 葉脈は、はっきり突出する。

人里

林の縁などに生える。

**葉**

ホタルブクロの根生葉。

**花**

紅花のホタルブクロ。

**若苗**

茎葉には柄がなく、茎には粗い毛が密生する。

ホタルブクロの若苗。こんなやわらかい芽先を摘みとる。

123

# ホトトギス [杜鵑草 / 油点草]

採取時期: 4 5 6（若葉・若芽）

名人おすすめ！

[食べられる部位] 若葉、若芽

- 学名：*Tricyrtis hirta*
- 分類：ユリ科ホトトギス属
- 別名：ウリナ

## 生態
山地の草むらや林床、崖地などに生える多年草で、半日陰の湿り気のある場所を好む。北海道南部、本州、四国、九州に分布。

## 特徴
- **形状**：茎は、平地では直立、斜面では斜めに垂れ下がり、30～100cm内外の草丈になる。
- **葉**：長楕円状披針形で先が尖り、基部は茎を抱いて互生する。全面に軟毛がある。
- **花期**：8～10月ごろ、葉のつけ根に径2.5cm内外の漏斗状鐘形の花を、2～3個ずつ上向きにつける。花弁（花被片）には紫色の斑点がたくさんあり、この姿を野鳥の「ホトトギス」の胸毛に見立てたのが和名の由来。
- **その他**：同属の「タマガワホトトギス」「ヤマホトトギス」「ヤマジノホトトギス」なども同様に利用できる。

## 見極め＆採り方のコツ
花弁に紫色の斑点がある
若い茎先を摘みとる。

## 調理法
和え物、煮物、天ぷら

アクの強さ ★★

塩ひとつまみ加えた熱湯で5分ほど茹で、冷水にとって5～6分さらす。

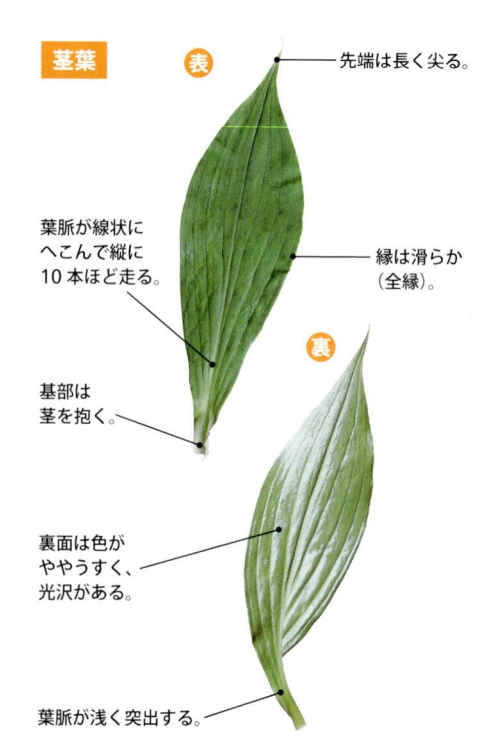

### 茎葉
**表**
- 先端は長く尖る。
- 葉脈が線状にへこんで縦に10本ほど走る。
- 縁は滑らか（全縁）。
- 基部は茎を抱く。

**裏**
- 裏面は色がややうすく、光沢がある。
- 葉脈が浅く突出する。

## 人里

**若苗**

ホトトギスの若苗。

**タマガワホトトギス（花）**

黄色い花が咲くタマガワホトトギス。

**花**

花弁に紫色の斑点がたくさんある。

**実**

ホトトギスの実。

**タマガワホトトギス（若芽）**

タマガワホトトギスの若芽。

| 注 | 薬 | | 採取時期 | 1 | 2 | 3 | 4 | 5 | 6 | 7 | 8 | 9 | 10 | 11 | 12 |

●──若葉・若芽──●

# ミゾソバ［溝蕎麦］

**学名**:*Polygonum thunbergii*
**分類**：タデ科タデ属
**別名**：ウシノヒタイ、カワソバ、タソバ

[食べられる部位]
全草 / 若葉 / 花 / 若茎 / 若芽 / その他

## 生態
田のあぜ、小川や溝のきわなどに生える1年草で、北海道、本州、四国、九州に分布する。

## 特徴
- **形状**：地を這って伸びた茎は節から根を出し、上部が立ち上がって50〜70cm内外の草丈になる。茎には下向きのトゲがまばらに生える。
- **葉**：長さ3〜12cm内外の卵状のホコ形で、牛の顔に似ている。短い柄があり、互生する。
- **花期**：7〜10月ごろ、茎先に集散花序を出し、長さ4〜7mm内外の先端が淡紅色をした白い小さな花を10〜20個つける。この花が「ソバ」の花に似るのが名前の由来。

## 見極め＆採り方のコツ
**牛の顔のような形をした葉**
春から夏にかけて、茎先のやわらかな部分を摘みとる。ミゾソバによく似ている野草に「ママコノシリヌグイ（食不適）」があるが、ママコノシリヌグイは茎に下向きの鋭いトゲがびっしり生える。

## 調理法

| おひたし | サラダ | きんぴら | 和え物 | 生食 | きんとん | 煮物 |
| 酢の物 | 餅草 | つくだ煮 | 汁の実 | 卵とじ | 煮びたし | 薬味 |
| 鍋物 | 天ぷら | 漬け物 | 焼き物 | 素揚げ | 菜めし | 蒸し物 |
| 炒め物 | おかゆ | とろろ | そば・うどん | | ラーメン | スパゲティ |

| アクの強さ | ★★★ |

塩ひとつまみ加えた熱湯で10分ほど茹で、冷水にとって15分さらす。

**新芽**
ミゾソバの新芽。

**ママコノシリヌグイ**
茎にびっしりとトゲが生えるママコノシリヌグイ。

## 成葉

表
- 先端は突き出るが尖らない。
- 縁はほぼ滑らか。
- 葉はホコ形。
- 主脈と柄が赤みを帯びる。

裏
- 裏面は緑白色。
- 葉脈は浅く突出して比較的よく目立つ。

## 花

ソバの花によく似た花をつけるミゾソバ。

注 薬

採取時期 1 2 **3** **4** **5** **6** 7 8 9 10 11 12
← 若葉・若茎・若芽 →

# ミツバ [三葉]

名人おすすめ！

[食べられる部位]
全草 / **若葉** / 花
**若茎** / **若芽** / その他 —

学名：*Cryptotaenia japonica*
分類：セリ科ミツバ属
別名：ノミツバ、ミツバゼリ、ヤマミツバなど

## 生態
平地から山地までの半日陰になる林床（りんしょう）や林の縁に生える多年草。北海道、本州、四国、九州に分布する。

## 特徴
- **形状**：同一の根から細くて長い柄のある葉を何枚か出し、夏に花茎（かけい）を伸ばして40〜60cm内外の草丈になる。
- **葉**：3枚の小葉からなる複葉で、葉身より長い柄で束生（そくせい）する。小葉は、長さ3〜8cm内外のひし形状卵形で、先端が尖り、縁には二重のギザギザ（重鋸歯（じゅうきょし））がある。
- **花期**：6〜8月ごろ、葉の間から花茎を伸（の）ばし、二叉する花序に小さな白い5弁花を円錐状につける。
- **その他**：野菜として広く栽培されており、基本的な姿は野生種も栽培種も同じだが、野生種は栽培種より葉柄（ようへい）が短く、葉の質もかたい。

## 見極め＆採り方のコツ
**3枚の小葉からなる複葉**
若葉を根元から葉柄ごと摘みとる。

## 調理法

| おひたし | サラダ | きんぴら | **和え物** | 生食 | きんとん | 漬物 |
| 酢の物 | 餅草 | つくだ煮 | **汁の実** | 卵とじ | 煮びたし | **薬味** |
| 鍋物 | 天ぷら | 漬け物 | 焼き物 | 串揚げ | 菜めし | 蒸し物 |
| 炒め物 | おかゆ | とろろ | そば・うどん | | ラーメン | スパゲティ |

| アクの強さ | ★ |

熱湯で2〜3分茹でるだけでよい。

**若苗** 若苗を根ぎわから摘みとる。

**花** 白くて小さなミツバの花。

半日陰になる場所を好んで生える。

**成葉** 3小葉からなる複葉

裏面は緑白色。

先端が尖る。

葉脈は浅く突出する。

葉脈は比較的
はっきり
あらわれる。

縁には二重のギザギザが
ある。

同一の根から長い柄のある葉を何枚か出す。

人里

129

| 注 | 薬 |

採取時期: 若葉 4–5、果実 6–8

# ヤマグワ［山桑］

学名：*Morus bombycis*
分類：クワ科クワ属
別名：カイコノキ、クワ、ノグワ

[食べられる部位]：若葉、果実

## 生態
丘陵〜山地に広く生える落葉高木で、北海道、本州、四国、九州に分布。養蚕のため、畑に植栽もされている。

## 特徴
- 形状：灰褐色で、縦に不規則なすじがある幹を直立させ、よく枝を分けて10〜15m内外の高さになる。
- 葉：長さ7〜20cm内外の卵形〜広卵形で、先端が尖り、縁には先端が尖った粗いギザギザ（鋸歯）がある。互生。幼い葉では、ときに裂け目を生じることもある。
- 花期：雌雄異株。4〜5月ごろ、今年枝の葉のわきに雄花、雌花とも花弁のない地味な花を数個ずつつける。
- その他：花の後、長楕円形の集合果を結び、6〜8月ごろ赤熟〜黒熟する。

## 見極め＆採り方のコツ
**赤熟〜黒熟する長楕円形の果実**
弱い光沢がある若芽や若葉を摘みとる。果実は熟したものを選んで摘む。

## 調理法

| おひたし | サラダ | きんぴら | 和え物 | 生食 | きんとん | 煮物 |
| 酢の物 | 餅草 | つくだ煮 | 汁の実 | 卵とじ | 煮びたし | 薬味 |
| 鍋物 | 天ぷら | 漬け物 | 焼き物 | 素揚げ | 菜めし | 蒸し物 |
| 炒め物 | おかゆ | とろろ | そば・うどん | | ラーメン | スパゲティ |

※ 果実は生食のほかジャム・果実酒、若葉は生食以外の該当料理すべて

アクの強さ：★★★

塩ひとつまみ加えた熱湯で10分ほど茹で、冷水にとって30分程度さらす。

ヤマグワの実。

葉は先端が尾状に尖る。

**若葉** 卵形〜広卵形

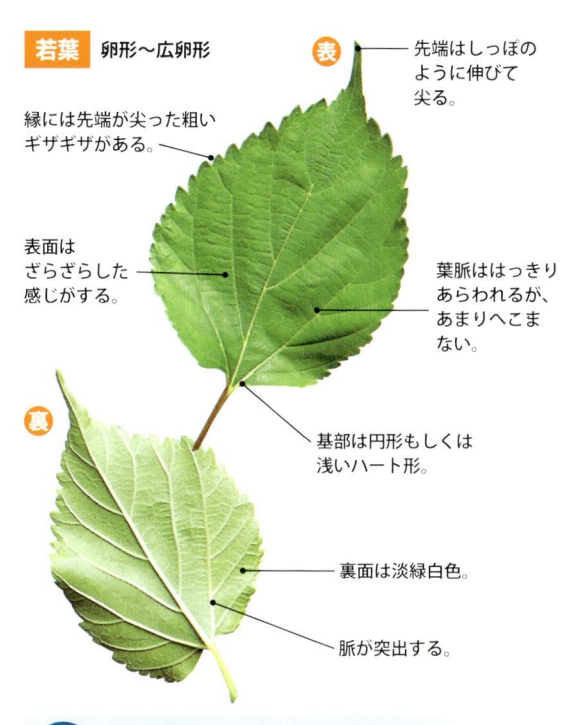

**表**
- 先端はしっぽのように伸びて尖る。
- 縁には先端が尖った粗いギザギザがある。
- 表面はざらざらした感じがする。
- 葉脈ははっきりあらわれるが、あまりへこまない。
- 基部は円形もしくは浅いハート形。

**裏**
- 裏面は淡緑白色。
- 脈が突出する。

**薬用** 夏季の葉を天日乾燥させ、高血圧症や動脈硬化の予防などに、煎じて飲用する。

**花**

ヤマグワの雄花。

**樹皮**

樹皮は、縦に不規則なすじが入り、はがれやすい。

人里

株は下部からよく枝を分ける。

| 採取時期 | 1 | 2 | 3 | 4 | 5 | 6 | 7 | 8 | 9 | 10 | 11 | 12 |
|---|---|---|---|---|---|---|---|---|---|---|---|---|
| | | | ←若葉→ | | | | | | ←ムカゴ→←根→ | | | |

注 薬

# ヤマノイモ ［自然薯］

名人おすすめ！

[食べられる部位]：若葉、根・ムカゴ

学名：*Dioscorea japonica*
分類：ヤマノイモ科ヤマノイモ属
別名：ジネンジョ、トロロイモ、ヤマイモなど

## 生態
平地から山地までのやぶぎわや林の縁に生えるつる性多年草で、比較的日当たりのよい場所を好む。本州、四国、九州、沖縄に分布。

## 特徴
- 形状：つる茎を左巻きに他物にからめて伸び、5mほどの長さに伸長する。
- 葉：長さ5〜10cm内外の三角状狭卵形で、先端が鋭く尖り、基部は湾入する。長めの柄があり、茎に対生するのが大きな特徴。
- 花期：雌雄異株。7〜8月ごろ、葉のつけ根から2〜5個の穂状花序を伸ばし、白色の小さい花をたくさんつけるが、雄花の花穂は上向きに立ち、雌花のそれは下垂する。
- その他：9〜10月ごろ、葉のつけ根に径1cm内外の球形のムカゴ（珠芽）をつける。

## 見極め＆採り方のコツ
**つる茎の葉が対生する**
塊根は、斜面から生え出ているつるを探して掘るのがラク。大小のスコップ、マイナスドライバーなどがあると便利。若葉はやわらかな芽先を摘む。よく似ている野草に食不適の同属「オニドコロ（トコロ）」があるが、オニドコロは葉が円心形で互生する。また、根茎は横に伸びてかたく、苦みが強くて食不適。

## 調理法

| おひたし | サラダ | きんぴら | 和え物 | 生食 | きんとん | 煮物 |
| 酢の物 | 餅草 | つくだ煮 | 汁の実 | 卵とじ | 煮びたし | 薬味 |
| 鍋物 | 天ぷら | 漬け物 | 焼き物 | 素揚げ | 菜めし | 蒸し物 |
| 炒め物 | おかゆ | とろろ | そば・うどん | | ラーメン | スパゲティ |

※塊根は生食・素揚げ・おかゆ・とろろ・そば・うどん、若葉はおひたし・和え物・煮びたし・天ぷら、ムカゴは炒め物のほか塩茹で・ムカゴ飯

| アクの強さ | ★★ |

塩ひとつまみ加えた熱湯で5分ほど茹で、冷水にとって7〜8分さらす。

**薬用**　火傷、しもやけ、ヒビなどにすり下ろした塊根を塗布するが、アレルギー体質の人には不適。

花

ヤマノイモの雄花。

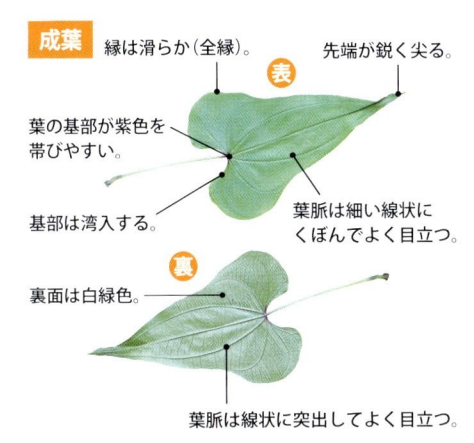

**成葉**
- 縁は滑らか(全縁)。
- 先端が鋭く尖る。
- 葉の基部が紫色を帯びやすい。
- 基部は湾入する。
- 葉脈は細い線状にくぼんでよく目立つ。
- 裏面は白緑色。
- 葉脈は線状に突出してよく目立つ。

**葉**
黄葉したヤマノイモの葉。これを見つけたら、つるをたぐってイモの在りかを探す。

掘り出したヤマノイモ。

掘りとったイモは、折れないように心棒をあてがい、新聞紙などに包んで持ち帰る。

**実**
ヤマノイモの実。

**ムカゴ**
ヤマノイモのムカゴ。これも食べられる。

人里

注 薬

| 採取時期 | 1 | 2 | 3 | 4 | 5 | 6 | 7 | 8 | 9 | 10 | 11 | 12 |
|---|---|---|---|---|---|---|---|---|---|---|---|---|

若葉：3〜7月

# ユキノシタ [雪ノ下／虎耳草]

**学名**：*Saxifraga stolonifera*
**分類**：ユキノシタ科ユキノシタ属
**別名**：イドクサ、イドバス、イワカズラ、イワブキなど

[食べられる部位] 若葉

## 生態
流水ぎわの岩場や日陰になる林の縁、湿り気のある庭などに生える常緑性の多年草で、暖地に多い。本州、四国、九州に分布。

## 特徴
- **形状**：地面に細長い走出枝（地を這って走り出るように伸びる枝）を出して伸び、その先に新株をつくって繁殖する。花茎の高さは20〜50cm内外となる。茎や葉には赤褐色の粗い毛が密生する。
- **葉**：長さ3〜5cm内外の腎円形で、縁が掌状に浅くくぼみ、長い柄で根ぎわから生える。表面（上面）は暗緑色で、葉脈に沿って白い線紋があり、裏面（下面）は帯赤紫色となる。
- **花期**：5〜6月ごろ、葉の間から高さ20〜50cm内外の花茎を伸ばし、茎先の集散花序に「大」の字形の小さな白い5弁花を下向きにたくさんつける。
- **その他**：同属に山地の岩場に生える「ハルユキノシタ」があり、こちらも同様に利用できる。

## 見極め＆採り方のコツ
葉脈沿いに白い線紋がある腎円形の葉
周年、やわらかな葉を選んで摘みとる。

## 調理法
おひたし／サラダ／きんぴら／**和え物**／生食／きんとん／煮物／酢の物／胡麻／つくだ煮／**汁の実**／卵とじ／煮びたし／薬味／鍋物／**天ぷら**／漬け物／焼き物／素揚げ／菜めし／蒸し物／**炒め物**／おかゆ／とろろ／そば・うどん／ラーメン／スパゲティ

**アクの強さ** ★★★

塩ひとつまみ加えた熱湯で5分ほど茹で、冷水にとって15分さらす。

やわらかな葉を摘みとる。

細長い走出枝を出して伸びる。

LINK ▶ P188 ダイモンジソウ

## 成葉

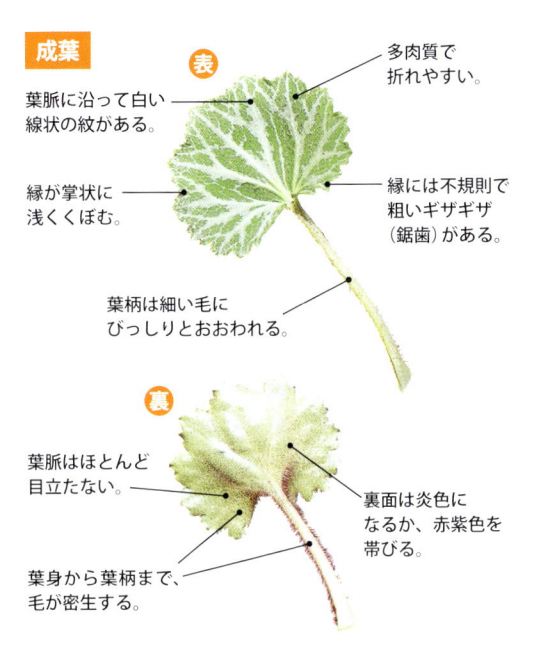

**表**
- 葉脈に沿って白い線状の紋がある。
- 多肉質で折れやすい。
- 縁が掌状に浅くくぼむ。
- 縁には不規則で粗いギザギザ（鋸歯）がある。
- 葉柄は細い毛にびっしりとおおわれる。

**裏**
- 葉脈はほとんど目立たない。
- 裏面は炎色になるか、赤紫色を帯びる。
- 葉身から葉柄まで、毛が密生する。

## 薬用
火傷や腫れものなどに、生の葉を火であぶって貼る。

## 花
「大」の字形の白い5弁花をつける。

## 葉
葉には、葉脈に沿って白い線状の紋がある。

人里

注 薬

採取時期 ← 若葉・若茎・若芽 →
| 1 | **2** | **3** | **4** | 5 | 6 | 7 | 8 | 9 | 10 | 11 | 12 |

# ヨメナ ［嫁菜］

名人おすすめ！

[食べられる部位]
全草 / **若葉** / 花 / **若茎** / **若芽** / その他

**学名**：*Kalimeris yomena*
**分類**：キク科ヨメナ属
**別名**：ウハギ、オハギ、ハギナ、ヨメガハギ、ヨメノサイ、ヨメノナなど

## 生態

平地から山地までの草地、畑地、土手、路傍（ろぼう）などに生える多年草。やや湿った場所を好む。中部地方以西の本州と、四国、九州に分布する。なお、関東地方に分布する「カントウヨメナ」も、利用上はほぼ同一に扱ってさしつかえない。

## 特徴

- **形状**：40〜150cm内外の草丈になり、上部で枝を分ける。
- **葉**：茎の中央部〜下部の葉は、卵状長楕円形で縁には粗いギザギザ（鋸歯（きょし））があり、上部のものは披針形（ひしん）でほとんどギザギザがない。葉はうすく、上面には弱い光沢がある。互生（ごせい）。
- **花期**：7〜10月ごろ、淡紫色の頭花を散房状にたくさんつける。
- **その他**：葉や茎をちぎってにおいをかぐと、キク科特有の芳香がある。

## 見極め & 採り方のコツ

**若茎は赤紫色で、ちぎるとキク科特有の芳香がある**
やわらかな若芽か若葉を摘みとる。

## 調理法

| おひたし | サラダ | きんぴら | 和え物 | 生食 | きんとん | 薬物 |
| 酢の物 | 餅草 | つくだ煮 | 汁の実 | 卵とじ | 煮揚げ | 薬味 |
| 鍋物 | 天ぷら | 漬け物 | 焼き物 | 素揚げ | 菜めし | 蒸し物 |
| 炒め物 | おかゆ | とろろ | そば・うどん | ラーメン | スパゲティ | |

| アクの強さ | ★★ |

塩ひとつまみ加えた熱湯で5分ほど茹で、冷水にとって5分さらす。炒め物や天ぷらにする場合は、生のままで使用できる。

**薬用**：生の葉のしぼり汁を、虫刺されの患部に塗布する。

カントウヨメナ（花）

ヨメナの花（カントウヨメナ）。

**若苗** 茎が赤紫色になるヨメナの若苗。

### 成葉（カントウヨメナ）

**表**
- 先端が尖る。
- 縁に粗いギザギザがある。
- 支脈の数は少ない。
- 主脈の基部が浅くくぼむ。

**裏**
- 裏面は緑白色。
- 葉脈は浅く突出する。

**若芽** やわらかな若芽を摘みとる。

注 薬

採取時期: 若葉・若茎 2 3 4 5 6

# ヨモギ [蓬]

**学名**：*Artemisia princeps*
**分類**：キク科ヨモギ属
**別名**：カズザキヨモギ、ダンゴグサ、モグサ、モチグサ、ヤイトグサなど

[食べられる部位] 若葉、若茎

## 生態

平地から山地までの日当たりのよい草地、土手、荒れ地、路傍などに生える多年草。本州、四国、九州に分布する。ヨモギ類には、本種のほか「オオヨモギ（ヤマヨモギ、エゾヨモギ）」「ニシヨモギ」「ヒトツバヨモギ」「オトコヨモギ」「カワラヨモギ」「リュウキュウヨモギ」「ユキヨモギ」「シロヨモギ」など、多くの種類があり、いずれも本種同様に利用できる。

## 特徴

- **形状**：根茎から長いふく枝を出して殖え、60～120cm内外の草丈になる。
- **葉**：長さ6～12cm内外で、羽状に中～深裂し、裏面と若芽全体に白色の綿毛が密生する。この白い綿毛だけを集めて乾燥させたのが、灸に使用する「モグサ」。
- **花期**：9～10月ごろ、茎先に円錐花序を出し、淡緑色の小花を密につける。
- **その他**：葉や茎をちぎると、キク科特有の強い芳香がある。

## 見極め＆採り方のコツ

葉の裏面と若芽全体に白い毛が密生するやわらかな茎先か若葉を摘みとる。

## 調理法

おひたし、和え物、汁の実、菜めし

アクの強さ ★★★

塩ひとつまみ加えた熱湯で10分ほど茹で、冷水にとって20分さらす。

**薬用**：葉の綿毛を灸に用いるほか、葉を天日乾燥させて、腹痛、解熱などに煎じて服用する。また、切り傷、虫刺されなどに生の葉の汁を塗布する。

若苗

ヨモギの若苗。

**上部の茎葉** 羽状に中〜深裂する

表

先端は尖る。

葉脈は比較的はっきりとあらわれる。

裏

葉脈は浅く突出する。

裏面は全体に白い綿毛におおわれて白く見える。

※ ヨモギの葉は、葉の形や羽片の幅などに変異が著しい

**若苗** やわらかい若苗を摘みとる。

**花**

ヨモギの花。

人里

日当たりのよい場所を好んで群生する。

注 薬

採取時期　← 若葉・若芽 →
1 | 2 | **3** | **4** | **5** | 6 | 7 | 8 | 9 | 10 | 11 | 12

# ワレモコウ [吾木香]

学名：*Sanguisorba officinalis*
分類：バラ科ワレモコウ属
別名：特になし

[食べられる部位]
全草 / **若葉** / 花 / 若茎 / **若芽** / その他

## 生態
平地から山地までの草原や林の縁に生える多年草で、日当たりのよい場所を好む。北海道、本州、四国、九州に分布。

## 特徴
- **形状**：春早くに羽状複葉（うじょうふくよう）を出し、夏に花茎（かけい）を伸ばして70〜100cm内外の草丈になる。
- **葉**：2〜6対の小葉からなる奇数羽状複葉。小葉は長さ4〜6cm内外の長楕円形で、先端はまるく、縁には粗いギザギザ（鋸歯（きょし））がある。芽生えのころの葉は、各小葉とも上面を内側にして中央から折りたたんでいる。
- **花期**：8〜10月ごろ、上部で枝分かれした花茎の先に、楕円形で暗赤色の花穂（かすい）をつけ、花弁のない花をかためてつける。
- **その他**：葉が「ニレ（楡）」の葉に似るところから、漢名では「地楡（じゅ）」と呼ぶ。

## 見極め＆採り方のコツ
**長楕円形で先端がまるい葉**
葉を折りたたんでいるうちの若葉を摘みとる。

## 調理法
おひたし / サラダ / きんぴら / **和え物** / 生食 / きんとん / **煮物** / 酢の物 / 餅草 / つくだ煮 / 汁の実 / 卵とじ / 煮びたし / 薬味 / 鍋物 / 天ぷら / 漬け物 / 焼き物 / **素揚げ** / 菜めし / 蒸し物 / **炒め物** / おかゆ / とろろ / そば・うどん / ラーメン / スパゲティ

アクの強さ ★★★

塩ひとつまみ加えた熱湯で5分ほど茹で、冷水にとって10分さらす。

**薬用**　秋に根を掘って天日乾燥させ、吐血、月経過多などの止血に煎じて服用する。

**若苗**
ワレモコウの若苗。こんなやわらかなものがおいしい。

**花穂**
8〜10月ごろ、暗赤色の花穂をつける。

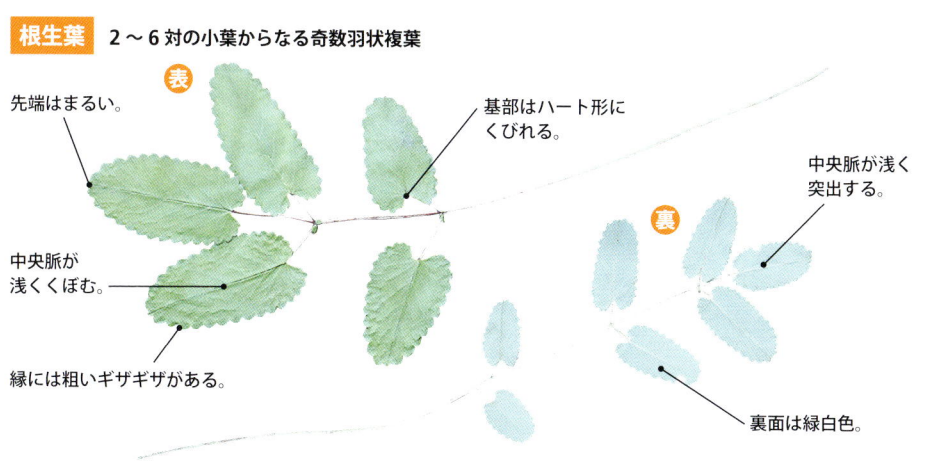

葉 葉は、2〜6対の小葉からなる奇数羽状複葉。

**根生葉** 2〜6対の小葉からなる奇数羽状複葉

表

先端はまるい。

基部はハート形にくびれる。

中央脈が浅く突出する。

裏

中央脈が浅くくぼむ。

縁には粗いギザギザがある。

裏面は緑白色。

コシアブラ
→P174

# 山地

山地というフィールドは、
地元住民の日常生活の活動範囲よりも
奥まった地域に相当する山域で、
当然ながら冬場の降雪量も多い。
そのため、山菜類も雪の下で
たっぷりした水分に育まれ、みずみずしく、
風味豊かなものが得られる。

ワラビ
→P228

ネマガリダケ
（チシマザサ）
◯P190

ウド
◯P152

コゴミ
（クサソテツ）
◯P172

| 採取時期 | 1 | 2 | 3 | 4 | 5 | 6 | 7 | 8 | 9 | 10 | 11 | 12 |
|---|---|---|---|---|---|---|---|---|---|---|---|---|
| | | | ←若茎・若芽→ | | | | | | ←果実→ | | | |

# アケビ ［木通 / 通草］

[食べられる部位]：全草／若葉／花／若茎／若芽／果実

学名：*Akebia quinata*
分類：アケビ科アケビ属
別名：アクビ、アケビカズラ、アケミ、キノメ、モエなど

## 生態
主として落葉樹の林内や林の縁に生える落葉性のつる性木本で、他樹にからんで這い上がる。本州、四国、九州に分布。

## 特徴
- **形状**：つるの長さは、通常4～5m内外だが、まれに10mに及ぶこともある。
- **葉**：5小葉からなる掌状複葉で、小葉は長さ3～5cm内外の長楕円形ないし長楕円状倒卵形で、縁は滑らか（全縁）。
- **花期**：4～5月ごろ、新葉が出るのと合わせるように総状花序を下垂させ、先端に淡紫色の雄花を、基部に淡紅紫色の雌花をつける。
- **果期**：9～10月ごろ、長さ10cm内外の長楕円形の液果を結び、熟すと紅紫色に染まり、縦に裂けて開く。
- **その他**：近縁に小葉が3枚の「ミツバアケビ」があり、本種と同様に利用できる。

## 見極め＆採り方のコツ
**5小葉の掌状複葉**
葉が開く前の新芽と、やわらかなつる芽を摘みとる。果実は高いところに多いので、棒などでたたき落とすとよい。

## 調理法
| おひたし | サラダ | きんぴら | 和え物 | 生食 | きんとん | 煮物 |
| 酢の物 | 餅草 | つくだ煮 | 汁の実 | 卵とじ | 煮びたし | 薬味 |
| 鍋物 | 天ぷら | 漬け物 | 焼き物 | 素揚げ | 菜めし | 蒸し物 |
| 炒め物 | おかゆ | とろろ | そば・うどん | | ラーメン | スパゲティ |

※ 生食は果肉のみ、果皮は炒め物のみ

| アクの強さ | ★★★ | ※若芽は★5つ |

塩ひとつまみ加えた熱湯で10分ほど茹で、冷水にとって15分ほどさらす。

**花**
アケビの花。球状に集まっているのが雄花、単独の淡紅紫色の花が雌花。

**ミツバアケビ**
ミツバアケビの花。

## 若葉・成葉　5枚の小葉からなる掌状複葉

**表　若葉**
- 先端がくぼみやすい。
- 縁は滑らか。
- 基部は広いくさび形。

**裏　成葉**
- 裏面は淡緑色。
- 中央脈だけが突出する。

**薬用**　夏季にとった茎を細かく切って天日乾燥し、腎炎などに煎じて服用する。

**ミツバアケビ** 
葉が3小葉のミツバアケビ。

**つる** 
つるを他樹にからめて高く伸びる。

**果実** 
アケビの果実。これも食べられる。

山地

**若葉** 
アケビの若葉。葉は5枚の小葉からなる掌状複葉。

**採取時期**: 3 4 5 6 7 8 9 10（若葉・若茎・若芽・根）

注 薬

# アザミ類 [薊類]

名人おすすめ！

[食べられる部位] 全草／若葉／花／若茎／若芽／根／その他

学名: *Cirsium ugoense*（ウゴアザミ）
分類: キク科アザミ属
別名: 特になし

## 生態
日本に自生するアザミの仲間（アザミ属）は60種以上あり、そのほとんどが山菜として利用できる。中でも味に優れ、重用されるものとして「ウゴアザミ」「サワアザミ」「オニアザミ」「ノアザミ」「ノハラアザミ」「モリアザミ」などがあげられる。アザミ類はいずれも多年草で、山野に広く生え、日当たりのよい場所を好むものが多いものの、サワアザミやウゴアザミのように、湿り気のある場所を好むものもある。分布は種によって異なるが、アザミ類としては日本全土に分布。

## 特徴
- **形状**: 根生葉はロゼット状となる。花茎は25～300cm（種によって異なる）。
- **葉**: 根生葉は羽状に中～深裂し（裂片の数は種によって異なる）、多くのものは各裂片の先端が鋭いトゲ状になる。両面に綿毛をかぶるものが多い。
- **花期**: 5～11月（種によって異なる）ごろ、葉の間から花茎を伸ばし、茎先に淡紫色～紅紫色の頭花を下向きまたは上向きにつける。
- **その他**: ゴボウ状の根を持つものが多く、モリアザミのように主として根を食用とするものもある。

## 見極め＆採り方のコツ
**鋭いトゲを持つ葉がロゼット状の株になる**
ロゼット中心部の若芽や、やわらかな茎先を摘みとるが、鋭いトゲがあるものは手袋をはめて行うとよい。

## 調理法

| おひたし | サラダ | きんぴら | 和え物 | 生食 | きんとん | 煮物 |
|---|---|---|---|---|---|---|
| 酢の物 | 餅草 | つくだ煮 | 汁の実 | 卵とじ | 煮びたし | 薬味 |
| 鍋物 | 天ぷら | 漬け物 | 焼き物 | 素揚げ | 菜めし | 蒸し物 |
| 炒め物 | おかゆ | とろろ | そば・うどん | | ラーメン | スパゲティ |

※若葉と若茎は和え物・煮物・汁の実・天ぷら・炒め物、若茎はきんぴら・和え物・煮物・汁の実・炒め物・鍋物、根はきんぴら・漬け物

| アクの強さ | ★★～★★★★★ |
|---|---|

塩ひとつまみ加えた熱湯で5分ほど茹で、冷水にとってさらす。アクの強いものは水さらしを長くする。

## 成葉（ノアザミ）

**表**: 裂片の先端に短いトゲがある。
**裏**: 太い主脈が突出する。裏面は緑白色。
羽状に中～深裂する。裂片は8～12対（種によって異なる）。

オニアザミ（若株）

ウゴアザミ（若苗）

ウゴアザミの若苗。

オニアザミ（花）

オニアザミの若株。

オニアザミの花。

ウゴアザミ（花）

タイアザミ（根）

ウゴアザミの花。

タイアザミの根。根も食べられる。

ノアザミ（花）

ノアザミの花。

株の中央の若い葉を選んで摘みとる。

山地

| 注 | 薬 | | 採取時期 | 1 | 2 | 3 | **4** | **5** | **6** | 7 | 8 | 9 | 10 | 11 | 12 |

若葉：4〜6

# イワタバコ ［岩煙草］

学名：*Conandron ramondioides*
分類：イワタバコ科イワタバコ属
別名：イワナ、マツガネソウ、ヤマタバコ、ヤマチャなど

［食べられる部位］全草／若葉／花／若茎／若芽／その他（若葉）

## 生態
平地から山地までの、水がしたたり落ちているような湿った日陰の崖や岩場に生える多年草。福島県以西の本州と、四国、九州に分布する。

## 特徴
- **形状**：細いヒゲ根で岩肌にはりつき、1株から2〜3枚の葉を出す。この葉の形が「タバコ」の葉に似るのが名前の由来。葉の間から花茎を伸ばし、10〜30cm内外の高さになる。
- **葉**：長さ10〜30cm内外、幅5〜15cm内外の楕円形で、先端が尖り、縁には細かいギザギザ（鋸歯）がある。葉身はちりめん状のシワと光沢があり、幅広の柄があって下向きに垂れ下がる。
- **花期**：6〜8月ごろ、高さ10〜30cm内外の花茎を出し、茎先の集散花序に、径1.5cm内外で先端が星形に5裂した紅紫色の花を、10〜20個ほどつける。
- **その他**：花茎に細かい毛をつけるものを「ケイワタバコ（食用）」と呼ぶ。

## 見極め＆採り方のコツ
シワと光沢のある楕円形の葉が下向きにつくやわらかな葉を選び、葉のつけ根から爪で挟み切る。

## 調理法

| おひたし | サラダ | きんぴら | 和え物 | 生食 | きんとん | 煮物 |
| 酢の物 | 餅草 | つくだ煮 | 汁の実 | 卵とじ | 煮びたし | 薬味 |
| 鍋物 | 天ぷら | 漬け物 | 焼き物 | 素揚げ | 菜めし | 蒸し物 |
| 炒め物 | おかゆ | とろろ | そば・うどん | | ラーメン | スパゲティ |

| アクの強さ | ★★ |

塩ひとつまみ加えた熱湯でさっと茹で、冷水にとって10分ほどさらす。

湿り気のある岩壁に群生する。

## 成葉（ケイワタバコ）

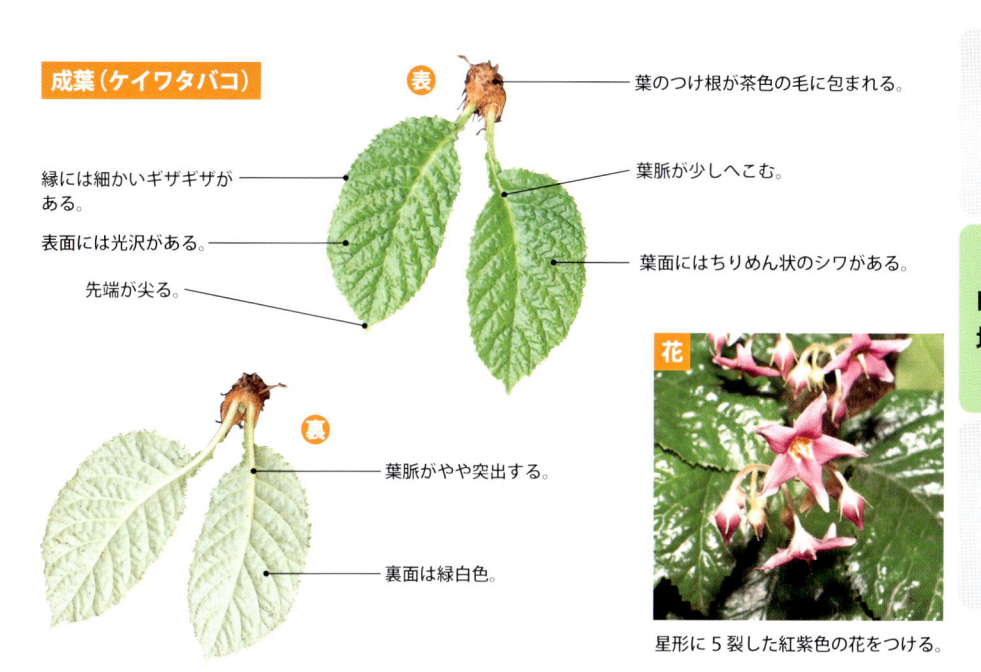

**表**
- 葉のつけ根が茶色の毛に包まれる。
- 縁には細かいギザギザがある。
- 葉脈が少しへこむ。
- 表面には光沢がある。
- 葉面にはちりめん状のシワがある。
- 先端が尖る。

**裏**
- 葉脈がやや突出する。
- 裏面は緑白色。

**花**
星形に5裂した紅紫色の花をつける。

山地

シワと光沢のある葉を下向きにつける。花も下向きに咲く。

| 注 | 薬 | | 採取時期 | 1 | 2 | **3** | **4** | **5** | **6** | **7** | **8** | 9 | 10 | 11 | 12 |

●――若葉・若芽――● ●――花――●

# ウツボグサ [靫草/夏枯草]

**学名**:*Prunella vulgaris*
**分類**:シソ科ウツボグサ属
**別名**:カコソウ、ジビョウクサ、チドメクサなど

[食べられる部位]
全草 / 若葉 / 花 / 若茎 / 若芽 / その他(—)

## 生態
日当たりのよい山地の草原に生える多年草で、日本全土に分布する。花穂の形が弓矢を入れる「靫(うつぼ)」に似ているのが名前の由来。

## 特徴
- **形状**:茎は角ばった方形で株立ちし、20〜30cm内外の草丈になる。全体に粗い毛が密生する。
- **葉**:長さ2〜5cm内外の広披針形(ひしん)で、数対が対生(たいせい)する。
- **花期**:6〜8月ごろ、直立した花茎(かけい)の先に長さ3〜8cm内外、幅2cm内外の花穂を出し、紫紅色の唇形花をたくさんつける。
- **その他**:夏に花が咲き終わった花穂は、急速に赤褐色に変色して枯れたようになるところから、漢名では「夏枯草(かこそう)」と呼び、漢方の生薬として用いる。

## 見極め&採り方のコツ
**弓矢を入れる「靫(うつぼ)」に似た花穂(かすい)**
若葉はやわらかい茎先を選んで摘み、花穂はよく咲きそろったものを摘みとる。

## 調理法

| おひたし | サラダ | きんぴら | **和え物** | 生食 | きんとん | 煮物 |
| 酢の物 | 餅草 | つくだ煮 | 汁の実 | 卵とじ | 煮びたし | 薬味 |
| 鍋物 | **天ぷら** | 漬け物 | 焼き物 | 素揚げ | 菜めし | 蒸し物 |
| 炒め物 | おかゆ | とろろ | そば・うどん | | ラーメン | スパゲティ |

※酢の物は花穂のみ、花穂は天ぷらと酢の物のみ

| アクの強さ | ★★★ |

塩ひとつまみ加えた熱湯で5分ほど茹で、冷水にとって10分くらいさらす。

**薬用**
花が終わった花穂を天日乾燥し、腎臓炎に煎じて服用する。また、これをお茶のようにわかして飲むと、暑気払いになる。

花穂の形が、弓矢を入れる「靫」に似ているのが名前の由来。

日当たりのよい草地に生える。

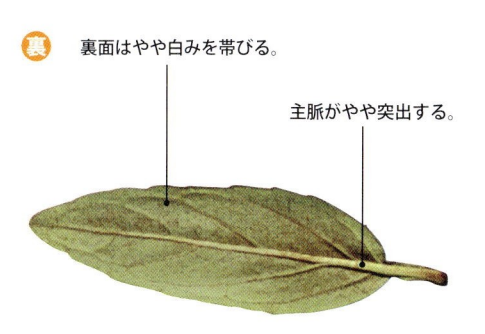

**茎葉**

表 縁はほぼ滑らか（全縁）。

葉脈が糸状に細くへこむ。

先端はあまり尖らない。

裏 裏面はやや白みを帯びる。

主脈がやや突出する。

**若苗**

ウツボグサの若苗。

山地

## ウド [独活]

採取時期: 4 5 6 / 8 9 10 11

名人おすすめ！

[食べられる部位] 花／若茎／若芽／果実

学名：*Aralia cordata*
分類：ウコギ科タラノキ属
別名：クサダラ、ケウド、マコウドなど

### 生態
平地から山地までの林の縁、谷の斜面、路傍などに生える多年草で、やや湿り気のある場所を好む。北海道、本州、四国、九州に分布。

### 特徴
- 形状：春に芽を出し、短毛が密生する太い茎を直立させて、1〜2m内外の草丈になる。この茎は、太くても冬には中が空洞になって枯れ、用材にならないことから「ウドの大木」と揶揄される。
- 葉：全体が長さ1m近くになる2回羽状複葉で、互生する。小葉は長さ5〜16cm内外、幅3〜8cm内外の先端が尖った卵状楕円形で、縁には細かいギザギザ（鋸歯）があり、各羽片に5〜7枚つく。
- 花期：8〜10月ごろ、上部の葉のわきと茎先から大きな散形花序を出し、径3mm内外で淡緑色の小さな5弁花を球形にたくさんつける。
- その他：花の後、径2mm内外の球形の液果を結び、秋に黒紫色に熟す。

### 見極め＆採り方のコツ
**若芽は全体に短毛に被われる**
前年の枯れた大木の茎を見つけ、その周囲を探すのがコツ。ナイフ類を土中に深く差し込み、根元から斜めに切りとるとよい。

### 調理法

| おひたし | サラダ | きんぴら | 和え物 | 生食 | きんとん | 煮物 |
|---|---|---|---|---|---|---|
| 酢の物 | 朝草 | つくだ煮 | 汁の実 | 卵とじ | 煮びたし | 薬味 |
| 鍋物 | 天ぷら | 漬け物 | 焼き物 | 素揚げ | 菜めし | 蒸し物 |
| 炒め物 | おかゆ | とろろ | そば・うどん | | ラーメン | スパゲティ |

※ 花と果実は天ぷらのみ

| アクの強さ | ★〜★★★★ |
|---|---|

若茎はアク抜きする必要はない。若芽は塩ひとつまみの熱湯で5分ほど茹で、10分さらす。

葉は2回羽状複葉。

太くて短いものがおいしい。

**若葉** 2回羽状複葉

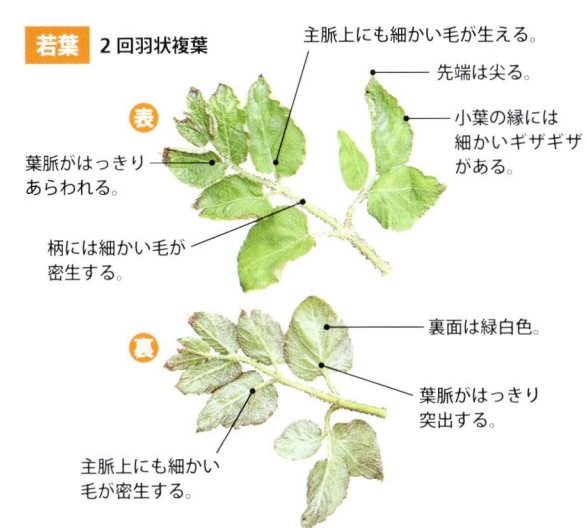

- 主脈上にも細かい毛が生える。
- 先端は尖る。
- 小葉の縁には細かいギザギザがある。

**表**
- 葉脈がはっきりあらわれる。
- 柄には細かい毛が密生する。

**裏**
- 裏面は緑白色。
- 葉脈がはっきり突出する。
- 主脈上にも細かい毛が密生する。

**薬用** 秋に根を掘って天日乾燥し、風邪、頭痛、神経痛、リウマチなどに煎じて、服用する。

**花**

ウドの花。

**若芽**

ウドの若芽。

**果実**

ウドの果実。これも食べられる。

同一の根から数本の茎を出す。

山地

| 採取時期 | 1 | 2 | 3 | 4 | 5 | 6 | 7 | 8 | 9 | 10 | 11 | 12 |
|---|---|---|---|---|---|---|---|---|---|---|---|---|
| | | 鱗茎 | | 若葉 | | | | | | | 鱗茎 | |

# ウバユリ［姥百合］

学名：*Cardiocrinum cordatum*
分類：ユリ科ウバユリ属
別名：ウバヨロ、カバユリ、ネズミユリ、ボウズユリ、ヤブユリなど

[食べられる部位] 若葉、鱗茎

## 生態
明るめの林床や林の縁などに生える多年草で、やや湿った場所を好む。宮城県・新潟県以西の本州と四国、九州に分布。花が咲きはじめる時期になると、すでに葉（歯）が枯れはじめて残り少なくなるところから、「姥百合」の名で呼ばれるようになった。

## 特徴
- **形状**：大型の葉の中心から太い花茎を直立させ、60～100cm内外の草丈になる。
- **葉**：長さ20cm内外の卵状心形で、長い葉柄がある。葉身は光沢があり、葉脈が血管のように見える。
- **花期**：7～8月ごろ、直立する花茎の先に、長さ15cm内外の緑色を帯びた白色の花を、横向きに2～4輪つける。
- **その他**：地中の鱗茎は花期には消失するが、しばらくすると再生する。

## 見極め＆採り方のコツ
**葉脈が血管のように見える大型の葉**
鱗茎は枯れた花茎を見つけて掘り、春には開く前の若葉を摘む。同属変種に「オオウバユリ」があるが、オオウバユリは全体に大型で、花の数が5～20輪と多いほか、里山型の本種に対して、山地に生える。オオウバユリも同様に利用できる。

## 調理法

| おひたし | サラダ | きんぴら | 和え物 | 生食 | きんとん | 煮物 |
| 酢の物 | 餅料 | つくだ煮 | 汁の実 | 卵とじ | 煮びたし | 薬味 |
| 鍋物 | 天ぷら | 漬け物 | 焼き物 | 素揚げ | 菜めし | 蒸し物 |
| 炒め物 | おかゆ | とろろ | そば・うどん | | ラーメン | スパゲティ |

※若葉はおひたし・和え物・汁の実

**アクの強さ** ★★★

若葉、鱗茎ともに、塩ひとつまみ加えた熱湯で10分ほど茹で、冷水にとって15分さらす。

### 成葉（根生葉）
**表**
- 縁は滑らか（全縁）。
- 表面には光沢がある。
- 葉脈が網目状に走る。
- 先端が小さく尖る。
- 長い柄がある。

**裏**
- 裏面にも鈍い光沢がある。
- 裏面は緑白色。
- 葉脈ははっきり突出する。

茎の中は白い髄がある。

LINK P162 オオウバユリ

花

ウバユリの花。

ウバユリの鱗茎。「ユリ根」と呼ばれるここを食べる。

葉

光沢のある大型の葉を広げる。

山地

| 注 | 薬 | | | 採取時期 | 1 | 2 | 3 | 4 | 5 | 6 | 7 | 8 | 9 | 10 | 11 | 12 |

採取時期 4〜9：全草

# ウワバミソウ ［蟒草］

**名人おすすめ！**

[食べられる部位] 全草

学名：*Elatostema umbellatum var. majus*
分類：イラクサ科ウワバミソウ属
別名：タニフサギ、トロログサ、ミズ、ミズナ、ミズブキ、ヨシナなど

## 生態
平地から山地までの、水がしたたる崖地や谷川の流水ぎわなどに生える多年草で、群生しやすい。北海道、本州、四国、九州に分布。

## 特徴
- **形状**：地中の根茎(こんけい)からみずみずしい茎を斜めに伸ばし、20〜50cm内外の草丈になる。
- **葉**：長さ5〜12cm内外、幅2〜4cm内外の長卵形で、先端が尖り、縁には粗いギザギザ（鋸歯(きょし)）がある。表面には光沢があり、翼を広げたように、左右2列に並んで互生(ごせい)する。
- **花期**：雌雄異株(しゆういしゅ)。5〜8月ごろ、雄株では短い花梗(かこう)の先に帯緑白色の小さな雄花を、雌株では葉のわきに淡緑色の小さな雌花をそれぞれつける。
- **その他**：秋になると、茎の各節がふくれて、コーヒー色の光沢があるムカゴ（珠芽(しゅが)）をつくる。

## 見極め & 採り方のコツ
**根元近くの茎が赤色を帯びる**
全草を利用できるが、主として茎を用いるので、なるべく茎が太く、赤みの強いものを選んでとる。

## 調理法

| おひたし | サラダ | きんぴら | 和え物 | 生食 | きんとん | 煮物 |
|---|---|---|---|---|---|---|
| 酢の物 | 餅草 | つくだ煮 | 汁の実 | 卵とじ | 煮びたし | 薬味 |
| 鍋物 | 天ぷら | 漬け物 | 焼き物 | 素揚げ | 菜めし | 蒸し物 |
| 炒め物 | おかゆ | とろろ | そば・うどん | | ラーメン | スパゲティ |

※茎はおひたし・和え物・酢の物・汁の実・煮物、根茎はとろろ、若葉と若芽はおひたし・和え物・汁の実・天ぷら、ムカゴはしょう油漬け

| アクの強さ | ★★ |
|---|---|

塩ひとつまみ加えた熱湯で5〜6分茹で、冷水にとって10分ほどさらす。

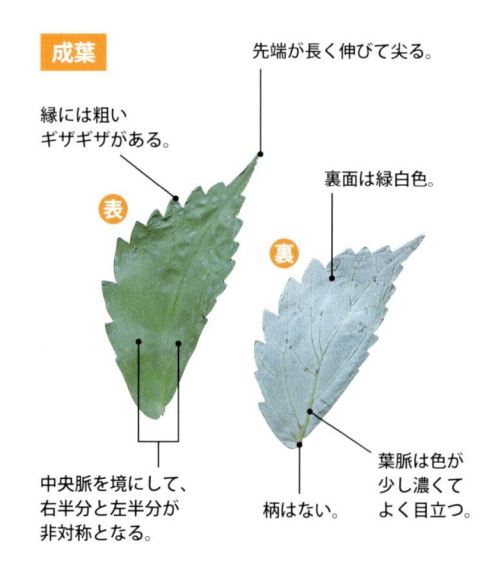

### 成葉
- 先端が長く伸びて尖る。
- 縁には粗いギザギザがある。
- 裏面は緑白色。
- 中央脈を境にして、右半分と左半分が非対称となる。
- 柄はない。
- 葉脈は色が少し濃くてよく目立つ。

**葉**

葉は左右2列に並んで互生する。

**花**

ウワバミソウの花。

茎の根元が赤くて太いものを選んでとる。

**ムカゴ**

秋になると、コーヒー色のムカゴをつける。

東北地方では人気の高い山菜のひとつで、季節になると八百屋などの店先にも並ぶ。

山地

| 注 | 薬 |

採取時期 | 1 | 2 | 3 | **4** | **5** | 6 | 7 | **8** | **9** | 10 | 11 | 12

←― 花 ―→　←― 果実 ―→

# ウワミズザクラ ［上溝桜］

学名：*Prunus grayana*
分類：バラ科サクラ属
別名：ハハカ

[食べられる部位]：花、果実

## 生態
山地の日当たりのよい谷の斜面などに生える落葉高木で、北海道、本州、四国、九州に分布する。

## 特徴
- **形状**：幹は直立してよく枝を分け、高さ15～20m内外、幹の径50～60cm内外になる。樹皮は暗紫褐色で、横長の皮目が目立つ。若い枝は紫褐色で、光沢がある。
- **葉**：長さ7～10mm内外の柄があり、互生する。葉身は、長さ8～11cm内外、幅2.5～5cm内外の卵状長楕円形で、先端が尾状に伸びて尖り、基部はほぼ円形、縁には細かくて鋭いギザギザ（鋸歯）がある。
- **花期**：4～5月ごろ、葉が出た後に今年枝の先に長さ6～15cm内外の総状花序を出し、径7～8mm内外の白色5弁花を穂状にたくさんつける。
- **その他**：果実は径8mm内外の卵円形の核果で、8～9月ごろ赤色から黒色になって熟す。この熟果は食べられる。

## 見極め＆採り方のコツ
**ブラシ状の白色の花穂**
開ききった花は花弁が落ちやすいので、つぼみ～半開の花穂を選んで摘みとる。摘むときは、花柄の根元からハサミで切りとるとよい。

## 調理法
調理法：天ぷら、漬け物

※ 花は穂のまま天ぷらにするか、塩漬けにする。果実はホワイトリカーに漬けて果実酒にする。

アクの強さ：★

アク抜きの必要はなく、天ぷらも塩漬けも、摘みとった花穂をそのまま用いる。水洗いも不要。

**樹形**：上部でよく枝分かれする。

**樹皮**：樹皮は暗紫褐色で、横長の皮目が多い。

**若葉** 卵状長楕円形

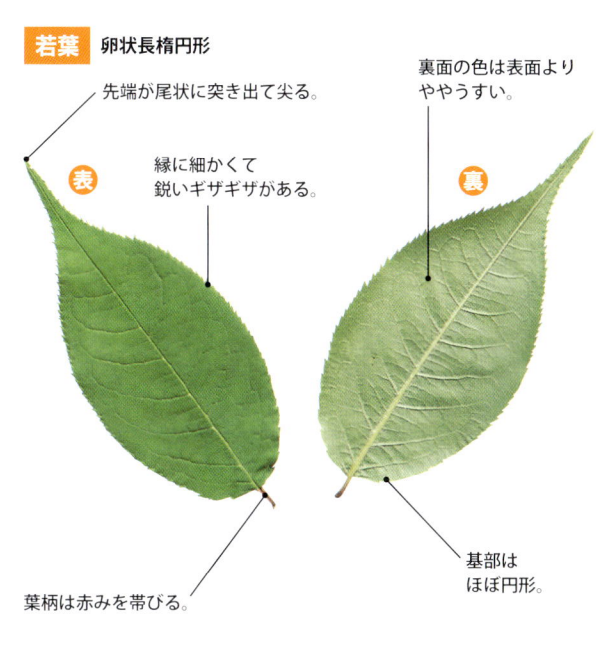

先端が尾状に突き出て尖る。

表

縁に細かくて鋭いギザギザがある。

裏面の色は表面よりややうすい。

裏

葉柄は赤みを帯びる。

基部はほぼ円形。

**花**

葉が出た後に、ブラシ状の白い花穂をたくさんつける。

**果実**

果実は赤色から黒色に熟す。

山地

**花**

総状花序に小さな白色5弁花をたくさんつけ、甘い香りがする。

| 注 | 薬 | | 採取時期 | 1 | 2 | 3 | 4 | 5 | 6 | 7 | 8 | 9 | 10 | 11 | 12 |

←若茎・若芽→

# オオイタドリ［大虎杖］

学名：*Polygonum sachalinense*
分類：タデ科タデ属
別名：ゴンパチ、サシガラ、スカンポなど

[食べられる部位] 若茎・若芽

## 生態
山地の日当たりのよい斜面や荒れ地、谷ぎわなどに生える大型の多年草。北海道と中部地方以北の本州に分布する。

## 特徴
- **形状**：春にタケノコ状の新芽を出し、茎を直立させて1〜3m内外の草丈になる。
- **葉**：長さ15〜30cm内外、幅10〜20cm内外の長卵形で、裏面が粉をふいたような白色をし、表裏とも葉脈上に短い毛がある。
- **花期**：7〜9月ごろ、葉のわきから上向きに花柄（かへい）を伸ばし、白色の小さな花を穂状（すいじょう）にたくさんつける。
- **その他**：シュウ酸を含み、かじるとすっぱい。

## 見極め＆採り方のコツ
**上部が赤みを帯びたタケノコ状の若芽**
タケノコ状の若芽と、やわらかな若茎を摘みとる。

## 調理法

| おひたし | サラダ | きんぴら | 和え物 | 生食 | きんとん | 煮物 |
|---|---|---|---|---|---|---|
| 酢の物 | 餅草 | つくだ煮 | 汁の実 | 卵とじ | 煮びたし | 薬味 |
| 鍋物 | 天ぷら | 漬け物 | 焼き物 | 素揚げ | 菜めし | 蒸し物 |
| 炒め物 | おかゆ | とろろ | そば・うどん | | ラーメン | スパゲティ |

| アクの強さ | ★★ |

アクは弱いがシュウ酸を含むため、塩ひとつまみ加えた熱湯で5分ほど茹で、冷水にとって20分さらす。シュウ酸のため、リウマチ体質の人は食べ過ぎや続けて食べることは避けたほうがよい。

こういう若芽を摘みとる。

皮をむいて食べるとおいしい。

LINK ▶ P50 イタドリ

**若苗**

オオイタドリの若苗。

**成葉（茎葉）** 表

- 縁は滑らか（全縁）。
- 先端が小さく尖る。
- 葉脈がよく目立つ。
- 基部は、ハート形に切れ込む。
- 葉柄と主脈が赤みを帯びやすい。

裏

- 各支脈もよく目立つ。
- 裏面は粉白色。
- 主脈ははっきり突出する。

**花**

オオイタドリの花。

山地

注 薬

採取時期: 1 2 3 4 5 6 7 8 9 10 11 12
鱗茎: 1〜6, 10〜12
若葉: 5〜6

# オオウバユリ ［大姥百合］

学名：*Lilium cordatum* var. *glehnii*
分類：ユリ科ユリ属
別名：特になし

[食べられる部位] 若葉、鱗茎

## 生態
「ウバユリ」の亜種で、寒冷地に分布する。山地の湿り気のある林床や谷ぎわに生える大型の多年草。北海道と、中部地方以北の本州に分布する。

## 特徴
- **形状**：地中の鱗茎から太い茎を伸ばし、1〜1.5m内外の草丈になる。鱗茎は年々肥大し、大きなものだと径10cm内外、長さ15cm内外にもなる。
- **葉**：長さ15〜30cm内外、幅10〜25cm内外の卵円形で、長い柄があり、茎の途中に集まってつく。
- **花期**：7〜8月ごろ、長くて太い花茎の先に、長さ10〜15cm内外で緑白色のラッパ状の花を、段状に10〜20個連ねてつける。

## 見極め＆採り方のコツ
**葉脈が血管のように見える**
**「ウバユリ」よりも大型の葉**

鱗茎は、枯れた花茎を見つけて掘り、春には開く前の若葉を摘む。同属に「ウバユリ」があるが、ウバユリは本種より小型で花の数も少なく、山地型の本種に対して、里山に生える。ウバユリも同様に利用できる。

## 調理法

| おひたし | サラダ | きんぴら | 和え物 | 生食 | きんとん | 煮物 |
|---|---|---|---|---|---|---|
| 酢の物 | 崩草 | つくだ煮 | 汁の実 | 卵とじ | 煮びたし | 薬味 |
| 鍋物 | 天ぷら | 漬け物 | 焼き物 | 素揚げ | 菜めし | 蒸し物 |
| 炒め物 | おかゆ | とろろ | そば・うどん | | ラーメン | スパゲティ |

※若葉はおひたし・和え物・汁の実。鱗茎はアク抜きしてからすりつぶし、団子状にして用いてもよい

**アクの強さ** ★

鱗片を1枚ずつはがし、塩ひとつまみ加えた熱湯で7〜8分茹で、冷水にとって15分ほどさらす。

葉

葉はまるみが強く、成長すると1〜1.5m内外の草丈になる。

LINK　P154 ウバユリ

## 成葉（茎葉）

**表**
- 先端が小さく尖る。
- 縁は滑らか（全縁）。
- 表面には光沢がある。

**裏**
- 主脈、支脈とも突出する。
- 裏面は緑白色。

- 主脈、支脈ともよく目立つ。
- 葉柄と葉脈が赤みを帯びる。
- 基部が巻き込むようにえぐれる。

## 花

7〜8月ごろ、緑白色の花を横向きにつける。

## 茎

茎の中は空洞。

山地

## 鱗茎

オオウバユリの鱗茎。これを食べる。

# オオバギボウシ ［大葉擬宝珠］

**採取時期**: 5・6（若葉・若茎・若芽）

**名人おすすめ！**

[食べられる部位] 全草／若葉／若茎／若芽

学名: *Hosta sieboldiana*
分類: ユリ科ギボウシ属
別名: アメフリバナ、ウリッパ、ウルイ、ギンバリなど

## 生態
平地から山地までの林床や谷すじの斜面など、日当りのよい湿った場所に生える多年草。北海道と中部地方以北の本州に分布する。

## 特徴
- **形状**: 春に根茎から太い葉巻状の若芽を出し、生長とともに葉を開いて数枚の葉の束になる。花期に葉の間から花茎を伸ばし、50〜100cm内外の高さになる。
- **葉**: 長さ18〜30cm内外、幅10〜20cm内外の狭卵形で、先端部が尖って反り返り、長い柄がある。葉身にはふつう20〜26本の葉脈があり、中央脈と左右対称に平行状に走る。
- **花期**: 7〜8月ごろ、葉の長さの2〜3倍ある長い花茎を伸ばし、茎先に淡桃紫色のラッパ状の花を総状にたくさんつける。
- **その他**: 同属に「コバギボウシ」「イワギボウシ」などがあり、いずれも本種同様に利用できる。

## 見極め＆採り方のコツ
**太い葉巻状の若芽**

葉巻状の若芽を地中から切りとるが、全開前の若葉・若茎も利用できる。毒草の「コバイケイソウ」「バイケイソウ」と若芽のうちは間違えやすいが、2種とも噛むと苦みがあるので区別できる。

## 調理法

| おひたし | サラダ | きんぴら | 和え物 | 生食 | きんとん | 煮物 |
|---|---|---|---|---|---|---|
| 酢の物 | 餅草 | つくだ煮 | 汁の実 | 卵とじ | 煮びたし | 薬味 |
| 鍋物 | 天ぷら | 漬け物 | 焼き物 | 素揚げ | 菜めし | 蒸し物 |
| 炒め物 | おかゆ | とろろ | そば・うどん | | ラーメン | スパゲティ |

**アクの強さ**: ★

塩ひとつまみ加えた熱湯で5〜6分茹で、冷水にとって5分ほどさらす。

葉巻状の若芽。

湿った場所を好んで生える。

**花**

淡桃紫色のラッパ状の花。

こんな若芽を摘みとるとよい。

山地

## 成葉（根生葉）

**表**

- 縁は滑らか（全縁）。
- 先端が小さく尖る。
- 葉柄の付け根が袋状になる。
- 左右対称に走る葉脈がよく目立つ。

**裏**

- 長い柄がある。
- 裏面は緑白色で、弱い光沢がある。
- 主脈、支脈とも突出する。

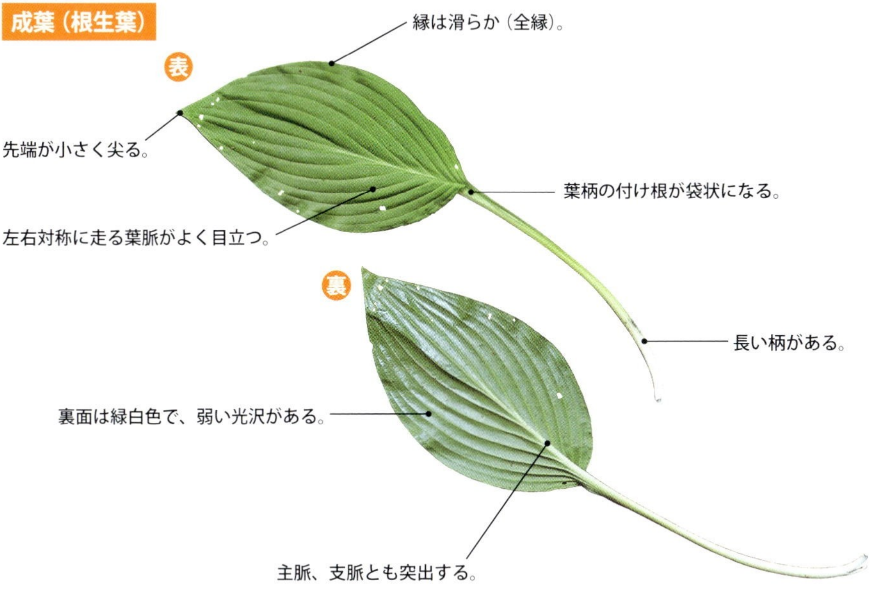

注 薬

# カタクリ [片栗]

採取時期：3 4 5（花・若葉）

[食べられる部位]：全草／若葉／花（名人おすすめ！）／若茎／若芽／その他

**学名**：*Erythronium japonicum*
**分類**：ユリ科カタクリ属
**別名**：カタカゴ、カタコユリ、カタバナ、カッコバナなど

## 生態
主として落葉樹林の林床（りんしょう）に群生する多年草。北海道、本州、四国、九州に分布するが、四国、九州では希少。

## 特徴
- **形状**：地中深くに鱗茎（りんけい）があり、雪解けとともに葉を出し、やや遅れて花茎（かけい）を伸ばして、10～20cm内外の草丈になる。
- **葉**：長さ6～12cm内外、幅2.5～5cm内外の狭卵形もしくは長楕円形で、縁は滑らか（全縁（ぜんえん））。葉身（ようしん）には紫褐色の斑紋（はんもん）がある。葉の数は、小さな株では1枚だが、花茎を持つものは通常2枚。
- **花期**：4～5月ごろ、高さ10～20cm内外の花茎を伸ばし、その先端に花披片が反り返った紅紫色の6弁花を1個ずつつける。
- **その他**：地中の鱗茎には良質のデンプンが含まれ、これを精製したものが本来の片栗粉。ただし、鱗茎をとってしまうと株が絶えてしまうので、地上部だけ採取するようにしたい。

## 見極め＆採り方のコツ
**うつむきに咲く紅紫色の花**
葉も花も、地上部の生えぎわから摘みとる。

## 調理法
おひたし／サラダ／きんぴら／**和え物**／生食／きんとん／**煮物**／酢の物／餅草／つくだ煮／汁の実／卵とじ／煮びたし／薬味／鍋物／天ぷら／漬け物／焼き物／素揚げ／菜めし／蒸し物／炒め物／おかゆ／とろろ／そば・うどん／ラーメン／スパゲティ

| アクの強さ | ★ |

熱湯だけで軽く茹で、冷水をくぐらせる程度でよい。

花被片が反り返った紅紫色の6弁花をつける。

葉と花を根ぎわから摘みとる。

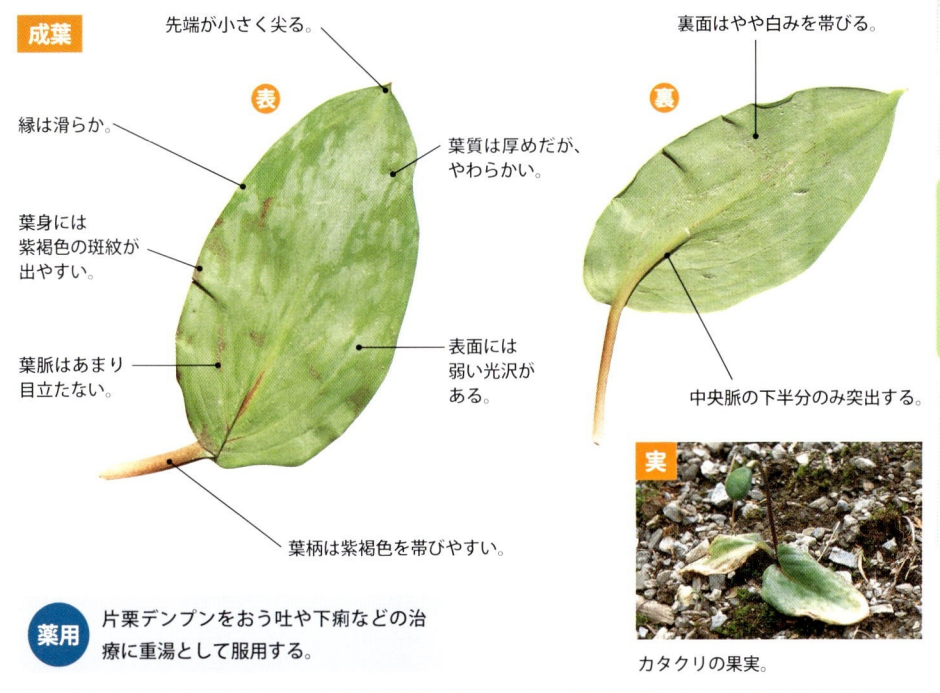

**成葉**

表
- 先端が小さく尖る。
- 縁は滑らか。
- 葉身には紫褐色の斑紋が出やすい。
- 葉脈はあまり目立たない。
- 葉質は厚めだが、やわらかい。
- 表面には弱い光沢がある。
- 葉柄は紫褐色を帯びやすい。

裏
- 裏面はやや白みを帯びる。
- 中央脈の下半分のみ突出する。

山地

**実**

カタクリの果実。

**薬用** 片栗デンプンをおう吐や下痢などの治療に重湯として服用する。

| 採取時期 | 1 | 2 | 3 | 4 | 5 | 6 | 7 | 8 | 9 | 10 | 11 | 12 |
|---|---|---|---|---|---|---|---|---|---|---|---|---|
| | | | | | ←若茎・若芽→ | | | | | | | |

注 薬

# カラマツソウ [唐松草]

学名：*Thalictrum aquilegifolium*
分類：キンポウゲ科カラマツソウ属
別名：特になし

[食べられる部位]
全草 / 若葉 / 花 / 若茎 / 若芽 / その他

## 生態
山地の林の縁や草地に生える多年草で、湿り気のある日なたを好む。北海道、本州、四国、九州に分布。

## 特徴
- **形状**：茎は中が空洞で直立し、上部でよく枝を分け、50〜120cm内外の草丈になる。
- **葉**：3〜4回3出複葉で、互生する。小葉は倒卵形で、多くは先端が3裂する。
- **花期**：7〜9月ごろ、茎の上部に白色または帯紫色の「カラマツ」の若葉を連想させる、径1cm内外の花を散房花序にたくさんつける。
- **その他**：若芽は全体に暗紫色を帯びる。

## 見極め＆採り方のコツ
**こぶしを突き上げたような形の若芽**
葉が開く前の若芽を生えぎわから摘みとる。

## 調理法

| おひたし | サラダ | きんぴら | 和え物 | 生食 | きんとん | 煮物 |
|---|---|---|---|---|---|---|
| 酢の物 | 餅草 | つくだ煮 | 汁の実 | 卵とじ | 煮びたし | 薬味 |
| 鍋物 | 天ぷら | 漬け物 | 焼き物 | 素揚げ | 菜めし | 蒸し物 |
| 炒め物 | おかゆ | とろろ | そば・うどん | | ラーメン | スパゲティ |

| アクの強さ | ★★ |
|---|---|

塩ひとつまみ加えた熱湯で4〜5分茹で、冷水にとって10分ほどさらす。

### 成葉　3〜4回3出複葉

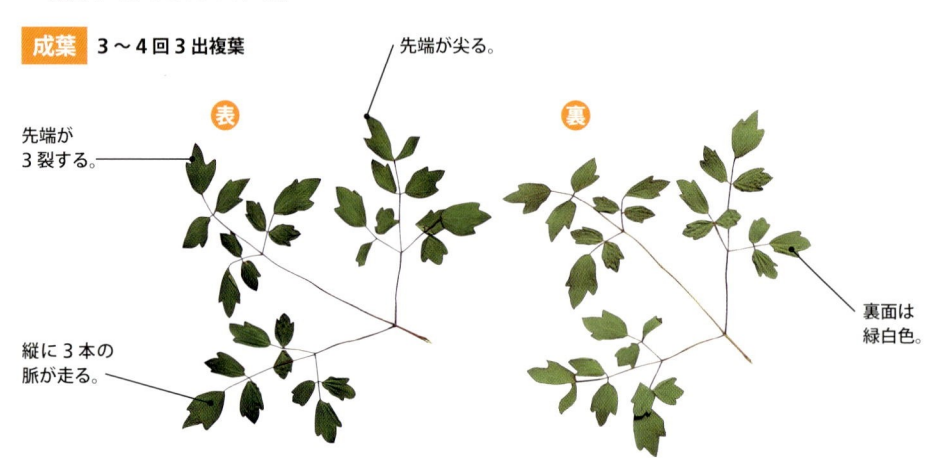

- 先端が尖る。
- 先端が3裂する。
- 縦に3本の脈が走る。
- 裏面は緑白色。

若芽

こぶしを突き上げたような形の若芽。

花

カラマツの若葉に似た花をつける。

茎

茎の節に円盤状の膜がある。

こんな若芽を摘みとる。

山地

注 薬

採取時期 —全草— 4 5 6

# ギョウジャニンニク [行者大蒜/行者葫]

名人おすすめ!

[食べられる部位] 全草

学名: *Allium victorialis*
分類: ユリ科ネギ属
別名: アイヌネギ、ウシビル、キトビル、ヤマビルなど

## 生態
山地の林内や谷ぎわに生える多年草。湿り気のある場所を好み、群生しやすい。北海道と近畿地方以北の本州に分布する。

## 特徴
- **形状**: 地中のラッキョウ状の鱗茎（りんけい）から茎状に若芽を出し、通常2〜3枚の葉を広げる。初夏に葉の間から花茎（かけい）を伸ばし、30〜50cm内外の高さになる。
- **葉**: 長さ20〜30cm内外、幅5cm内外の長楕円形で、基部はサヤ状に巻く。5〜6年の間は毎年1枚しか葉をつけず、2枚出すまでに7〜8年かかる。
- **花期**: 6〜7月ごろ、葉の間から花茎を伸ばし、先端に小さな花を球状に集めてつけ、頭を下げるように垂れ下がる。
- **その他**: 全体に強いニンニク臭があり、かじると辛みがある。

## 見極め＆採り方のコツ
**全体に強いニンニク臭がある**
全草が食用できるが、地中の鱗茎は残し、地上部だけを摘みとるようにしたい。

## 調理法

| おひたし | サラダ | きんぴら | 和え物 | 生食 | きんとん | 煮物 |
| 酢の物 | 餅草 | つくだ煮 | 汁の実 | 卵とじ | 煮びたし | 薬味 |
| 鍋物 | 天ぷら | 漬け物 | 焼き物 | 素揚げ | 菜めし | 蒸し物 |
| 炒め物 | おかゆ | とろろ | そば・うどん | ラーメン | スパゲティ |

アクの強さ ★

熱湯に軽く通す程度でよく、アク抜きの必要はない。ただし、生で食べ過ぎると、胃が炎症を起こすことがあるので注意したい。

やわらかな若葉を摘みとる。

花
小さな花を球状に集めてつける。

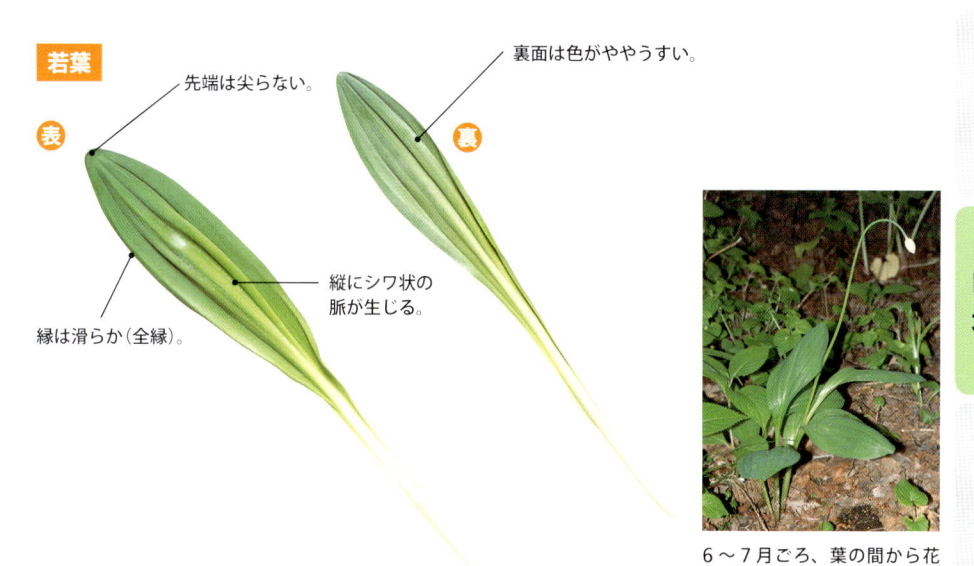

**若葉**

表 — 先端は尖らない。
裏 — 裏面は色がややうすい。
縦にシワ状の脈が生じる。
縁は滑らか（全縁）。

山地

6〜7月ごろ、葉の間から花茎を伸ばす。

湿り気のある場所を好んで生える。

# クサソテツ ［草蘇鉄］（コゴミ）

**学名**：*Matteuccia struthiopteris*
**分類**：オシダ科クサソテツ属
**別名**：コゴミ、コゴメ

**採取時期**：3・4・5（若芽）

**名人おすすめ！**

[食べられる部位] 若芽

## 生態
山里の草地、山地の林内、谷ぎわなどに生える多年性シダ植物で、湿り気のある場所を好む。北海道、本州、四国、九州に分布するが、四国には少ない。

## 特徴
- **形状**：地中の木質の塊茎から葉先が丸まった数枚〜十数枚の葉を束状に出し、生長とともに開いて、1m近い草丈になる。
- **葉**：春に出る栄養葉（裸葉）と、秋に出る胞子葉（実葉）とがあり、食用できるのは栄養葉で、胞子葉は食べられない。栄養葉は、1回羽状複葉で、50〜150cm内外の長さになる。
- **花期**：花はつけない。
- **その他**：前年の古株の姿が「ソテツ」に似ることから、「クサソテツ」の名で呼ばれるようになった。

## 見極め＆採り方のコツ
**葉先が内側に巻く、まるまった若芽**
同一の株から根こそぎ採取せず、多くの株から2〜3本ずつ間引くように摘み集める。「ミヤマメシダ」「キヨタキシダ（アブラコゴミ）」に似るが、ミヤマメシダは葉柄が褐黒色で、鱗片が上部まで付着し、キヨタキシダは葉柄が淡い緑色もしくは褐色で、黒褐色の鱗片が多数付着する。2種とも食用となる。

## 調理法
おひたし／サラダ／きんぴら／和え物／生食／きんとん／煮物／酢の物／餅草／つくだ煮／汁の実／卵とじ／煮びたし／薬味／鍋物／天ぷら／漬け物／焼き物／素揚げ／炒め物／蒸し物／炒め物／おかゆ／とろろ／そば・うどん／ラーメン／スパゲティ

**アクの強さ**：★

熱湯で2〜3分茹でるだけでよい。

### 成葉　1回羽状複葉

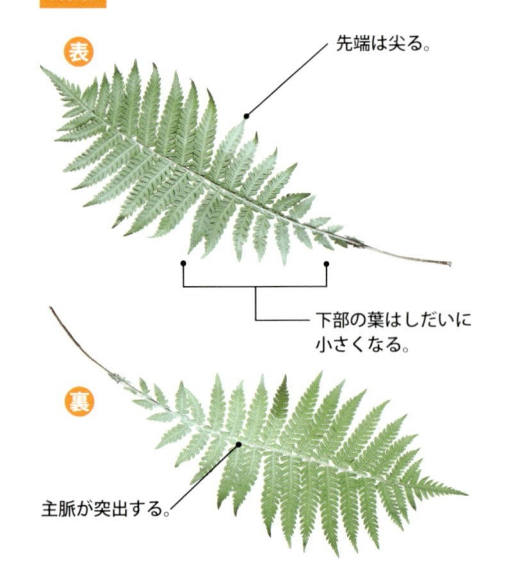

表／裏
- 先端は尖る。
- 下部の葉はしだいに小さくなる。
- 主脈が突出する。

数枚の葉を株状に出す。

若芽

葉先が内側に巻く、まるまった若芽。

若芽

前年の枯れ葉の間から若芽を出す。

葉先がまるまっているうちに摘みとる。

山地

| 注 | 薬 | | 採取時期 | 1 | 2 | 3 | **4** | **5** | **6** | 7 | 8 | 9 | 10 | 11 | 12 |

若芽

# コシアブラ [漉油]

名人おすすめ！

[食べられる部位]
全草／若葉／花／若茎／**若芽**／その他

**学名**：*Acanthopanax sciadophylloides*
**分類**：ウコギ科ウコギ属
**別名**：アブラッコ、イモノキ、ゴンゼツ、ゴンゼツノキ、ヤマオガラなど

## 生態
平地から山地までの林内に生える落葉高木。北海道、本州、四国、九州に分布する。

## 特徴
● **形状**：灰白色の美しい木肌で、幹の太さ50～60cm内外、高さ20m内外になる。
● **葉**：長い柄のある5枚の小葉からなる掌状複葉で、互生する。小葉は長さ10～20cm内外、幅4～9cm内外の先が尖った楕円形で、中央のものが大きく、両端のものが小さい。
● **花期**：7～8月ごろ、枝先に長さ1.5mm内外で、淡黄緑色の小さな5弁花を円錐状にたくさんつける。
● **その他**：花の後、径4～5mm内外の扁平な球果を結び、秋に黒く熟す。樹脂から「金漆」と呼ぶ塗料を漉しとったところから、「漉油」の名で呼ばれるようになった。

## 見極め＆採り方のコツ
**長い柄がある5枚の葉が掌状に集まる**
手が届く若木を探し、枝先の開きかけで光沢のある若芽を摘みとる。

## 調理法
| おひたし | サラダ | きんぴら | **和え物** | 生食 | きんとん | 煮物 |
| 酢の物 | 餅草 | つくだ煮 | **汁の実** | 卵とじ | 煮びたし | 薬味 |
| 鍋物 | **天ぷら** | 漬け物 | 焼き物 | 素揚げ | 菜めし | 蒸し物 |
| **炒め物** | **おかゆ** | とろろ | そば・うどん | ラーメン | スパゲティ |

| アクの強さ | ★★★ |

塩ひとつまみ加えた熱湯で5分ほど茹で、冷水にとって10分ほどさらす。

葉は、長い柄がある5小葉からなる掌状複葉。

樹皮は灰白色で、よく目立つ。

**若葉** 5小葉からなる掌状複葉

表

縁には細かいギザギザ（鋸歯）がある。

頂小葉がもっとも大きい。

先端は尖る。

葉脈は白みを帯びてよく目立つ。

葉軸や葉柄が紫褐色を帯びる。

裏

中央脈が突出する。

葉軸や葉柄に細かい毛が密につく。

裏面は白緑色。

こんな若芽を摘みとる。

山地

**若芽**

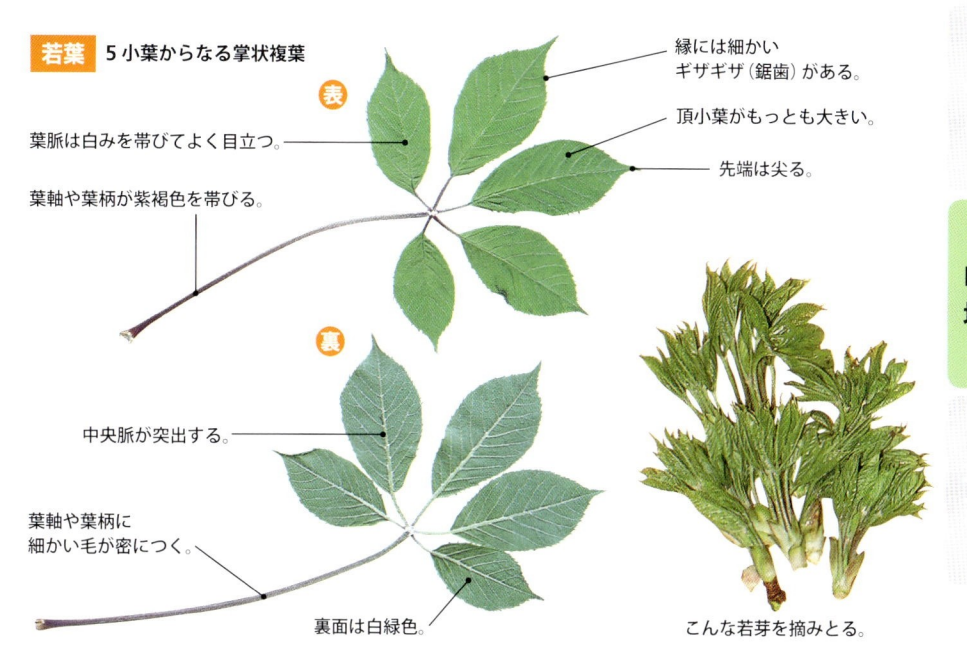

開きかけで光沢のある若葉を摘みとる。

175

注 薬

| 採取時期 | 1 | 2 | 3 | 4 | 5 | 6 | 7 | 8 | 9 | 10 | 11 | 12 |

若葉・葉柄：3〜5／花：6〜8

# コバギボウシ［小葉擬宝珠］

学名：*Hosta albo-marginata*
分類：ユリ科ギボウシ属
別名：ギボシ

名人おすすめ！

[食べられる部位] 全草／若葉／花／若茎／若芽／その他／葉柄

## 生態
明るい林床や沢すじ、湿地などに生える多年草。日当たりがよく、湿り気のある場所を好む。北海道、本州、四国、九州に分布。

## 特徴
- **形状**：横に這う根茎から、長い葉柄がある葉を斜めに出し、株状になる。
- **葉**：長さ10〜16cm内外、幅5〜8cm内外の狭卵形で、長い柄がある。葉身はうすく、10〜12本の葉脈があり、葉脈部がへこんですじになる。
- **花期**：6〜8月ごろ、葉の間から長さ30〜60cm内外の花茎を伸ばし、長さ4〜5cm内外の漏斗状をした淡紫色の花を、横〜下向きにつける。

## 見極め＆採り方のコツ
**若葉がラッパ状に縦に巻く**

縦に巻いている若葉を、葉柄ごと生えぎわから摘みとる。花は咲きはじめの新しいものを選ぶ。新芽のころは毒草の「コバイケイソウ」の新芽と間違えやすく、しかも両者が混生していることが多いので注意したい。区別点は、本種には葉柄があるが、コバイケイソウの葉には柄がないこと。

## 調理法

| おひたし | サラダ | きんぴら | 和え物 | 生食 | きんとん | 煮物 |
| 酢の物 | 餅草 | つくだ煮 | 汁の実 | 卵とじ | 煮びたし | 薬味 |
| 鍋物 | 天ぷら | 漬け物 | 焼き物 | 素揚げ | 菜めし | 蒸し物 |
| 炒め物 | おかゆ | とろろ | そば・うどん | | ラーメン | スパゲティ |

※若葉は和え物・おひたし・汁の実・天ぷら・煮物・漬け物・鍋物、花は酢の物・サラダ

| アクの強さ | ★★ |

塩ひとつまみ加えた熱湯で5分ほど茹で、冷水にとって10分さらす。

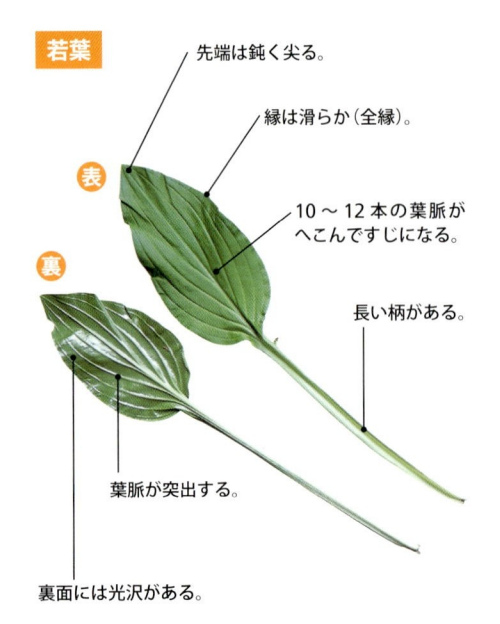

**若葉**
- 先端は鈍く尖る。
- 縁は滑らか（全縁）。
- 10〜12本の葉脈がへこんですじになる。
- 長い柄がある。
- 葉脈が突出する。
- 裏面には光沢がある。

LINK　P16「毒草とはどういうものか」／P164 オオバギボウシ

**葉**

幅広の葉を株状に広げる。

**花**

漏斗状をした淡紫色の花。

**コバイケイソウ**

若葉のうちは、毒草のコバイケイソウと間違えやすいので注意したい。

**若葉**

開く前の若葉を摘みとる。

山地

| 採取時期 | 1 | 2 | 3 | 4 | 5 | 6 | 7 | 8 | 9 | 10 | 11 | 12 |

●──若葉──●（4・5・6月）

# ゴマナ ［胡麻菜］

**名人おすすめ！**

[食べられる部位] 若葉

- 学名：*Aster glehnii var. hondoensis*
- 分類：キク科シオン属
- 別名：ゴマノハギク、ヤマクキダチ

## 生態
山地の日当たりのよい草地や林の縁に生える多年草で、やや湿り気のある場所を好む。本州に分布。

## 特徴
- **形状**：太い根茎（こんけい）から茎を直立させ、1～1.5m内外の草丈になる。茎には細かい毛があり、手で触れるとざらざらした感じがする。
- **葉**：長さ13～19cm内外、幅4～6cm内外の長楕円形で、先端が尖り、縁には粗いギザギザ（鋸歯（きょし））がある。
- **花期**：8～10月ごろ、多数分枝した茎先に、径1.5cm内外の山形の頭花をたくさんつける。舌状花（ぜつじょう）は白色で、長さ1cm内外。

## 見極め＆採り方のコツ
**細かい毛で白っぽく見える茎**
横に開く前の立っている若葉を茎の上部から摘みとる。

## 調理法

| おひたし | サラダ | きんぴら | 和え物 | 生食 | きんとん | 煮物 |
|---|---|---|---|---|---|---|
| 酢の物 | 餅草 | つくだ煮 | 汁の実 | 卵とじ | 煮びたし | 薬味 |
| 鍋物 | 天ぷら | 漬け物 | 焼き物 | 素揚げ | 菜めし | 蒸し物 |
| 炒め物 | おかゆ | とろろ | そば・うどん | | ラーメン | スパゲティ |

| アクの強さ | ★★ |

塩ひとつまみ加えた熱湯で7～8分茹で、冷水にとって10分さらす。

ゴマナの若芽。このくらいの若い芽がおいしい。

若苗

ゴマナの若苗。

**成葉（茎葉）**

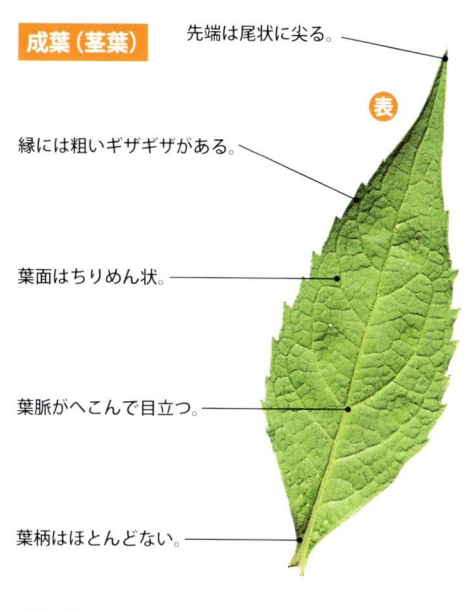

表 / 裏

- 先端は尾状に尖る。
- 縁には粗いギザギザがある。
- 葉面はちりめん状。
- 葉脈がへこんで目立つ。
- 葉柄はほとんどない。
- 裏面はやや白みを帯びる。
- 葉脈が突出する。

山地

**葉**

葉は長楕円形で、縁に粗いギザギザがある。

**花**

白い小さな花を山形にたくさんつける。

若い茎は白い綿毛に包まれる。茎の切り口は中実。

注 薬

採取時期　← 若葉・若芽 →
1 2 3 **4 5 6** 7 8 9 10 11 12

# サワオグルマ［沢小車］

[食べられる部位] 全草／**若葉**／花／若茎／**若芽**／その他

**学名**：*Senecio pierotii*
**分類**：キク科キオン属
**別名**：ヤチウド、ヤチブキなど

## 生態
湿地や沢ぎわに生える多年草で、群生しやすい。本州、四国、九州、沖縄に分布。

## 特徴
- **形状**：軟質でやや太めの中が空洞の茎を直立させ、50〜80cm 内外の草丈になる。茎や葉に白い軟毛がある。
- **葉**：根生葉は、長さ 12〜25cm 内外、幅 2〜7cm 内外の披針状長楕円形で、先端は鈍頭、縁はほぼ滑らか（全縁）。幼時は白い綿毛に包まれているが、しだいに脱落する。茎葉は長楕円状披針形で、やや茎を抱く。
- **花期**：4〜6 月ごろ、茎先に径 3.5〜5cm 内外の黄色の頭花を散房状に 6〜30 個ほどつける。

## 見極め＆採り方のコツ
**茎や葉が白い軟毛に包まれる若芽**
若芽ややわらかい若葉を生えぎわから摘みとる。

## 調理法

| おひたし | サラダ | きんぴら | 和え物 | 生食 | きんとん | 煮物 |
|---|---|---|---|---|---|---|
| 酢の物 | 餅草 | つくだ煮 | 汁の実 | 卵とじ | 煮びたし | 薬味 |
| 鍋物 | 天ぷら | 漬け物 | 焼き物 | 素揚げ | 菜めし | 蒸し物 |
| 炒め物 | おかゆ | とろろ | そば・うどん | | ラーメン | スパゲティ |

| アクの強さ | ★★★ |
|---|---|

塩ひとつまみ加えた熱湯で 7〜8 分茹で、冷水にとって 10 分ほどさらす。

**花**
4〜6 月ごろ、黄色の頭花を散房状につける。

**若葉（根生葉）**
- 先端は尖らない。
- 縁はほぼ滑らか。
- 主脈が白みを帯びて目立つ。
- 長い柄がある。
- **表**
- **裏**
- 裏面は緑白色。
- 葉柄と葉脈が赤みを帯びやすい。

葉

サワオグルマの若い根生葉。これくらいまでが食用になる。

山地

若芽

湿地や沢ぎわに生えるサワオグルマ。

若芽のうちは白い軟毛に包まれる。

| 注 | 薬 | | 採取時期 | 1 | 2 | 3 | **4** | **5** | **6** | 7 | 8 | 9 | 10 | 11 | 12 |

── 若芽 ──（4〜6）

# シオデ［牛尾菜］

**名人おすすめ！**

[食べられる部位]：全草／若葉／花／若茎／**若芽**／その他

学名：*Smilax riparia var. ussuriensis*
分類：ユリ科シオデ属
別名：ショウデ、ショデコ、ソデコ、ヒデコなど

## 生態
平地から山地までの草やぶや林内に生えるつる性の多年草で、湿り気のある場所を好む。北海道、本州、四国、九州に分布。

## 特徴
- **形状**：若いつる茎が1〜2本地中から直立し、葉が開くのと同時につるを伸ばして他物にからんで生長する。よく分枝し、2〜3m内外の長さになる。群生はしない。
- **葉**：長さ5〜15cm内外の卵状楕円形で先端が尖り、表面には光沢がある。茎に互生し、葉の基部から巻きひげが出る。
- **花期**：雌雄異株。7〜8月ごろ、葉のわきから長さ7〜12cm内外の花梗を伸ばし、淡緑色〜深緑色の小さな花を球状にたくさんつける。
- **その他**：花の後、径1cm内外の球形の液果を結び、秋に黒熟する。

## 見極め＆採り方のコツ
**地中から直立する巻きひげを伸ばした若茎**
多くとることは望めないが、太めの若芽を選んで生えぎわから摘みとる。

## 調理法

| おひたし | サラダ | きんぴら | 和え物 | 生食 | きんとん | 漬物 |
|---|---|---|---|---|---|---|
| 酢の物 | 餅草 | つくだ煮 | 汁の実 | 卵とじ | 煮びたし | 薬味 |
| 鍋物 | 天ぷら | 漬け物 | 焼き物 | 素揚げ | 菜めし | 蒸し物 |
| 炒め物 | おかゆ | とろろ | そば・うどん | | ラーメン | スパゲティ |

| アクの強さ | ★★ |
|---|---|

塩ひとつまみ加えた熱湯で2〜3分茹で、冷水にとって10分ほどさらす。

**花**
シオデの花。

**果実**
シオデの果実。

**若芽** 巻きひげを伸ばした シオデの若芽。

山地

**若芽**

若葉には光沢がある。

葉の基部から細い巻きひげを対生状に伸ばす。

若芽はこのくらいまでが食べごろ。

| 採取時期 | 1 | 2 | **3** | **4** | **5** | **6** | 7 | 8 | 9 | 10 | 11 | 12 |

（3〜6：若芽）

# ゼンマイ ［薇］

学名：*Osmunda japonica*
分類：ゼンマイ科ゼンマイ属
別名：ゼンゴ、ゼンメなど

**名人おすすめ！**

［食べられる部位］：若芽

## 生態
平地から高山までの湿った草地、湿原、谷ぎわ、林床などに生える多年性シダ植物。日本全土に分布する。

## 特徴
- **形状**：春に地中の木質の根茎（こんけい）から、綿毛に被われた若芽を出す。伸びるにつれて綿毛が脱落して葉を開き、50〜100cm内外の草丈になる。
- **葉**：同一の根茎から栄養葉と胞子葉（ほうしよう）を出すが、一般には栄養葉のみ食用する。栄養葉は6〜7対の小葉と先端の1枚とからなる2回羽状複葉（うじょうふくよう）で、50〜100cm内外の長さになる。
- **花期**：花はつけない。
- **その他**：同属に「ヤマドリゼンマイ」があり、本種と同様に栄養葉の若芽を食用する。

## 見極め＆採り方のコツ
**全体が綿毛に被われて葉が内側に巻く**
葉が巻いている状態の若芽を下から上へしごき、自然にちぎりとれる部分から摘みとる。

## 調理法
和え物、汁の実、漬け物、炒め物　（該当）

**アクの強さ** ★★★★★

塩ひとつまみと、木灰（草木を焼いてつくった灰）もしくは重曹（重炭酸ソーダの略で炭酸水素ナトリウムのこと）を加えた水を火にかけ、沸騰したら火を止めて冷水にとり、60分〜一晩流水にさらす。通常は、これをゴザなどに並べて3日間ほど天日で干し、乾燥させたもの（赤干しゼンマイと呼ぶ）を水で戻して用いる。また、天日で乾燥させた「赤干しゼンマイ」に対し、松葉などを使って燻蒸（くんじょう）乾燥したものを「青干しゼンマイ」と呼ぶ。

若芽

淡褐色の綿毛に包まれる、ゼンマイの若芽。

**成葉** 2回羽状複葉

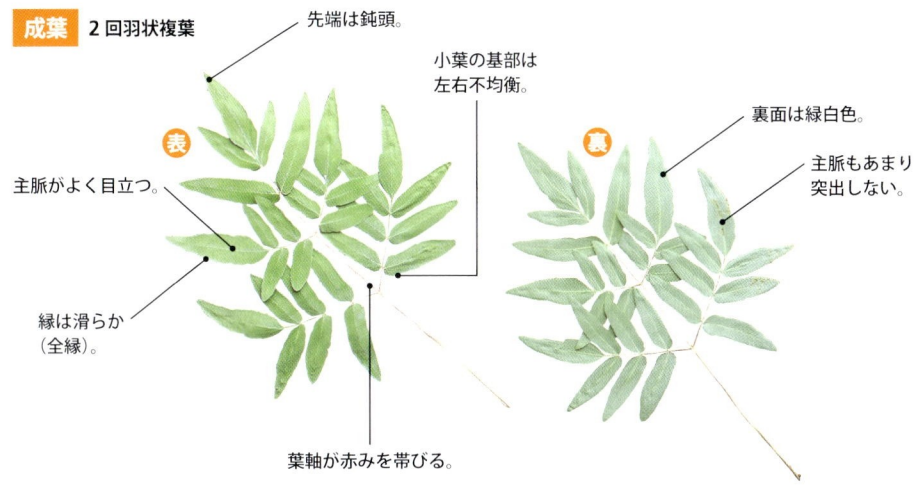

- 先端は鈍頭。
- 小葉の基部は左右不均衡。
- (表) 主脈がよく目立つ。
- 縁は滑らか（全縁）。
- (裏) 裏面は緑白色。
- 主脈もあまり突出しない。
- 葉軸が赤みを帯びる。

山地

2回羽状複葉になる、ゼンマイの成葉。

**胞子葉**

ゼンマイの胞子葉（中央の褐色の葉）。

アク抜きしてから乾燥させて保存する。

## ソバナ ［蕎麦菜］

**学名**：*Adenophora remotiflora*
**分類**：キキョウ科ツリガネニンジン属
**別名**：ササナ、サジナ、ソマナ、チチナ、ヤマトトキなど

**採取時期**：4・5（若葉・若茎・若芽）、8・9（花）

[食べられる部位]：全草、若葉、花、若茎、若芽

### 生態
低山から高山までの湿り気のある林内や草地、谷ぎわなどに生える多年草。本州、四国、九州に分布する。

### 特徴
- **形状**：茎は中が空洞で直立し、しばしば上部で枝を分けて1mほどの草丈になる。
- **葉**：長さ5〜10cm内外の卵形で、先が長く尖り、縁には粗いギザギザ（鋸歯）がある。上部の葉は無柄だが、中〜下部の葉は短い柄があり、互生する。
- **花期**：8〜9月ごろ、茎の先が分枝して、長さ2〜3cm内外の釣鐘形をした青紫色の花を下向きに数個つける。
- **その他**：茎をちぎると、切り口から白い乳液を分泌し、触れるとベトつく。

### 見極め&採り方のコツ
**縁に粗いギザギザがある**
**先端が尾状に尖った卵形の葉**
若芽か葉の表面に光沢が残る若葉を茎ごと摘みとる。

### 調理法
おひたし、サラダ、きんぴら、和え物、酢の物、汁の実、天ぷら

※ 花はサラダ・酢の物、若芽・若葉・若茎はおひたし・和え物・汁の実・天ぷら

**アクの強さ**：★★

熱湯で2〜3分茹で、冷水にとって5分ほどさらす。

青紫色の釣鐘形の花を下向きにつける。

**成葉** （茎葉）

- 縁に粗いギザギザがある。
- 先端は尾状に尖る。
- 葉脈はくぼんでよく目立つ。

**表**

**裏**

- 裏面は色がややうすい。
- 葉脈が突出する。

**若芽**

やわらかな若芽を摘みとる。

山地

**花芽**

花芽をつけたソバナ。このくらいまでが食べられる。

注 薬

採取時期 | 1 | 2 | 3 | 4 | 5 | **6** | **7** | **8** | **9** | **10** | 11 | 12（6〜10：若葉）

# ダイモンジソウ［大文字草］

[食べられる部位]：若葉

学名：*Saxifraga fortunei* var. *incisolobata*
分類：ユキノシタ科ユキノシタ属
別名：イワブキ、イワボキ、ニワブキなど

## 生態
低山から高山地帯までの、谷川の流水ぎわの岩上や湿った岩壁、崖地などに生える多年草。北海道、本州、四国、九州に分布する。

## 特徴
- **形状**：長い柄のある根生葉（こんせいよう）を束生（そくせい）させ、7〜10月ごろに葉の間から花茎（かけい）を伸ばし、30cm内外の草丈になる。
- **葉**：根生葉は長さ3〜15cm内外の腎円形で、5個以上の中深裂がある。表面は緑色で光沢があり、裏面は白緑色もしくは暗紫色となる。
- **花期**：7〜10月ごろ、葉の間から長い花茎を伸ばし、分枝した茎先に、白色の5弁花をたくさんつける。この花の形が漢字の「大」の字に似るのが名前の由来。

## 見極め＆採り方のコツ
**「大」の字形の白い花**
葉を摘むときに引っぱると根離れしやすいので、根が抜けないように爪先で葉柄（ようへい）を挟み切るとよい。「ユキノシタ」「ジンジソウ」に似るが、ユキノシタは葉が切れ込まずに円形に近く、濃い色で毛がある。ジンジソウは花の形が「人」の字に似る。

## 調理法
和え物、酢の物、天ぷら、素揚げ

**アクの強さ** ★★★

塩ひとつまみ加えた熱湯で10分ほど茹で、冷水にとって15分ほどさらす。

やわらかい若葉を摘みとる。

**若苗**
ダイモンジソウの若苗。流水ぎわの岩場に生える。

LINK P134 ユキノシタ

成葉

5個以上に中深裂する。

表

裏

全面に短い毛が散在する。

葉脈はない。

表面は光沢がある。

裏面は白緑色もしくは暗紫色。

山地

花

「大」の字形の白い5弁花をつける。

| 注 | 薬 | | 採取時期 | 1 | 2 | 3 | 4 | **5** | **6** | 7 | 8 | 9 | 10 | 11 | 12 |

←若芽→

# チシマザサ ［千島笹］（ネマガリダケ）

名人おすすめ！

［食べられる部位］
全草／若葉／花／若茎／**若芽**／その他

**学名**：*Sasa kurilensis*
**分類**：イネ科ササ属
**別名**：チダケ、ネマガリダケなど

## 生態
ブナ、ミズナラ林の林床に生える常緑の「ササ」で、このササのタケノコを「ネマガリダケ」と呼ぶ。北海道と鳥取県以北の本州の山地に分布するが、北海道では山里にも自生する。

## 特徴
- **形状**：稈（茎）が根元近くから反り返るように曲がって伸び上がるのが「根曲がり竹」の呼称の由来で、1.5～3m内外の茎丈になる。
- **葉**：親ザサの葉は、長さ5～20cm内外、幅1～4cm内外の披針状長楕円形で、先端が尖る。表面は緑色で弱い光沢があり、裏面は白っぽい。
- **花期**：何十年かに一度、開花して実をつけるが、花が咲くと群れ全体が枯れる。
- **その他**：同属の「アマギザサ」「ミヤマクマザサ」などのタケノコも、同様に利用できる。また、太い・細い、うまい・まずいにかかわらず、ほとんどのササやタケ類のタケノコは、食用できると考えてさしつかえない。

## 見極め＆採り方のコツ
親指ほどの太さのタケノコが斜めに出る細くて長いものより、太くて短いものがうまい。曲がっている方向と逆向きに倒せば根元で折れる。採取してすぐに処理できないときは、濡れた新聞紙でくるんで持ち帰るとよい。

## 調理法

| おひたし | サラダ | きんぴら | 和え物 | 生食 | きんとん | 煮物 |
|---|---|---|---|---|---|---|
| 酢の物 | 餅草 | つくだ煮 | 汁の実 | 卵とじ | 煮びたし | 薬味 |
| 鍋物 | 天ぷら | 漬け物 | 焼き物 | 素揚げ | 菜めし | 蒸し物 |
| 炒め物 | おかゆ | とろろ | そば・うどん | | ラーメン | スパゲティ |

※ 上記のほかに炊き込みご飯も美味

| アクの強さ | ★ |
|---|---|

アクはほとんどなく、アク抜きの必要はないが、茹でるときは皮ごと米のとぎ汁で水から茹で上げるとよい。

### 成葉

**表**／**裏**
- 先端が細く尖る。
- 裏面はやや白みを帯びる。
- 縁は滑らか（全縁）。
- 縦に十数本の細い葉脈が走る。
- 中央脈の下半分がやや突出する。
- 中央脈の下半分が目立つ。

LINK　P26「山菜の上手な採り方と持ち帰り方」

チシマザサのやぶ。

**花**
チシマザサの花。花が咲くと、親ザサは枯れるといわれる。

皮が赤みを帯びているものがおいしい。

**若芽**

チシマザサのタケノコ。これがネマガリダケ。

| 注 | 薬 | | | | | | | | | | | | | |
|---|---|---|---|---|---|---|---|---|---|---|---|---|---|---|

採取時期: 1 2 3 4 5 6 7 8 9 10 11 12
若葉：3〜5月／根：8〜12月

# ツリガネニンジン ［釣鐘人参］

学名：*Adenophora triphylla var.japonica*
分類：キキョウ科ツリガネニンジン属
別名：アマナ、シャクシナ、チョウチンバナ、トトキ、ヌノバなど

[食べられる部位]：若葉、根

## 生態
丘陵や低山地の草むらに生える多年草で、日当たりのよい場所を好む。北海道、本州、四国、九州に分布。

## 特徴
- **形状**：太い根茎から何本かの茎を束状に直立させ、40〜90cm内外の草丈になる。
- **葉**：長さ4〜8cm内外の長楕円形〜卵状楕円形で、先端が尖り、縁には粗いギザギザ（鋸歯）がある。3〜5枚ずつ段状に輪生する。
- **花期**：7〜10月ごろ、茎先に円錐花序を出し、青紫色で先が5裂した釣鐘形の花を、下向きに何段か輪生状につける。
- **その他**：茎をちぎると、不快なにおいのする白い乳液を分泌する。

## 見極め＆採り方のコツ
**茎を切ると不快なにおいのする白い乳液を分泌**
やわらかな茎先を摘みとる。根茎は深いのでスコップが必要。

## 調理法

| おひたし | サラダ | きんぴら | 和え物 | 生食 | きんとん | 煮物 |
| 酢の物 | 餅草 | つくだ煮 | 汁の実 | 卵とじ | 煮びたし | 薬味 |
| 鍋物 | 天ぷら | 漬け物 | 焼き物 | 素揚げ | 菜めし | 蒸し物 |
| 炒め物 | おかゆ | とろろ | そば・うどん | | ラーメン | スパゲティ |

※若葉はおひたし・和え物・汁の実・卵とじ・天ぷら・鍋物、根はきんぴら・漬け物

**アクの強さ** ★★★

塩ひとつまみ加えた熱湯で5分ほど茹で、冷水にとって7〜8分さらす。

**薬用**：11月ごろ根茎を掘り、天日乾燥させて、健胃整腸、去痰などに煎じて服用する。

輪生葉 表
- 縁には粗いギザギザが並ぶ。
- 主脈の下半分が浅くへこむ。
- 葉柄は赤みを帯びやすい。

裏
- 葉脈が浅く突出する。
- 裏面は白みを帯びる。

**花**

夏～秋に青紫色の釣鐘形の花を下向きにつける。

**葉**

葉は、3～5枚ずつ輪生する。

茎を切ると、白い乳液を分泌する。

山地

**若苗**

ツリガネニンジンの若苗。

**根**

ツリガネニンジンの根。

やわらかな芽先を摘みとる。

| 注 | 薬 |

採取時期 — 若芽: 4 5 6

# トリアシショウマ ［鳥脚升麻］

**学名**：*Astilbe thunbergii var. congesta*
**分類**：ユキノシタ科チダケサシ属
**別名**：サンボンアシ、トリアシ、トリノアシ、ヤマナなど

[食べられる部位]：若芽

## 生態
山地の林の縁や谷すじなどに生える多年草で、半日陰の場所を好む。北海道と近畿地方以北の本州に分布。

## 特徴
- **形状**：鳥の足に似た毛の多い若芽を出し、生長して3回3出の複葉を広げ、40～100cm内外の花茎を伸ばす。
- **葉**：3回3出複葉。小葉は長さ5～12cm内外の卵形～広卵形で、先端が長く伸びて鋭く尖り、縁には鋭いギザギザ（重鋸歯）がある。
- **花期**：6～8月ごろ、茎先の円錐状花序に長さ4～6mm内外の白い小さな5弁花をたくさんつける。
- **その他**：花の後、長さ3～4mm内外の蒴果を結ぶ。

## 見極め＆採り方のコツ
**褐色の毛に被われた鳥の足状の若芽**

毛の生えた鳥足状の若芽を、生えぎわから摘みとる。「ヤマブキショウマ」の若芽に似るが、ヤマブキショウマの若芽は毛がないのに対し、本種の若芽は褐色の毛が密生する。

## 調理法
和え物、煮物、酢の物、煮びたし、薬味、鍋物、天ぷら、炒め物

**アクの強さ** ★★★

塩ひとつまみ加えた熱湯で6～7分茹で、冷水にとって15分ほどさらす。

**成葉** 3回3出複葉

表
- 先端は尾状に尖る。
- 葉軸は赤みを帯びる。
- 縁には鋭いギザギザがある。
- 頂小葉が大きい。

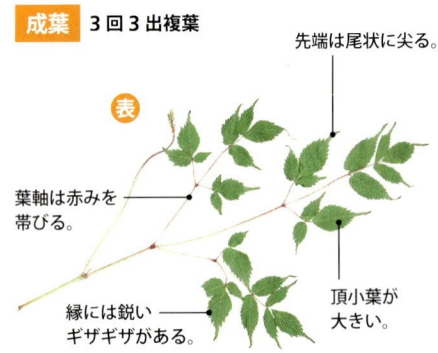

裏
- 裏面は白緑色。
- 葉脈は細いが、はっきり突出してよく目立つ。

LINK　P212 ヤマブキショウマ

若芽を摘みとる。

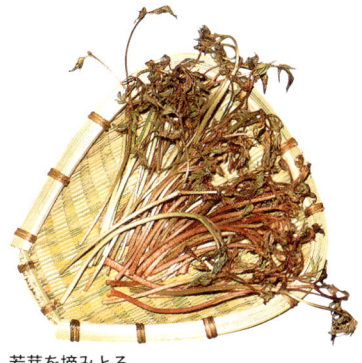

花
トリアシショウマの花。

若芽 鳥の足に似た若芽を出す。

山地

195

注 薬

| 採取時期 | 1 | 2 | 3 | 4 | 5 | 6 | 7 | 8 | 9 | 10 | 11 | 12 |

若葉・花・若茎・若芽 → 3,4,5

# ニリンソウ ［二輪草］

[食べられる部位] 全草／若葉／花／若茎／若芽／その他（—）

**学名**：*Anemone flaccida*
**分類**：キンポウゲ科イチリンソウ属
**別名**：コモチグサ、コモチバナ、ソバナ、ソババナ、フクベラなど

## 生態
山地の林床や谷ぎわなど、やや湿った場所を好んで生える多年草。北海道、本州、四国、九州に分布する。

## 特徴
- **形状**：早春に地中の根茎から根生葉を数本出し、ほどなく葉の中心部から2本の花梗を伸ばし、15〜25cm内外の草丈になる。
- **葉**：根生葉は3全裂し、側片がさらに2深裂する。茎葉は柄がなく、3枚が輪生する。日に当たると、葉の表面に淡黄色〜紫褐色のまだら模様が入りやすい。
- **花期**：4〜5月ごろ、茎葉の間から長さ5〜10cm内外の花梗を1〜3本（多くは2本）出し、先端に白色もしくは帯紅白色で径2cm内外の花をつける。花弁に見えるのは萼片で、通常は5枚ある。
- **その他**：花の後、長さ2.5mm内外の卵形の集合果を結ぶ。

## 見極め＆採り方のコツ
**白色か帯紅色の5弁花**

猛毒の「トリカブト」の葉と似ているが、トリカブトは秋に花が咲くため、春には花芽やつぼみをつけないので、ニリンソウをとるときは花芽をつけた株を摘みとるのが安全。

## 調理法

| おひたし | サラダ | きんぴら | 和え物 | 生食 | きんとん | 煮物 |
| 酢の物 | 餅草 | つくだ煮 | 汁の実 | 卵とじ | 煮びたし | 薬味 |
| 鍋物 | 天ぷら | 漬け物 | 焼き物 | 素揚げ | 菜めし | 蒸し物 |
| 炒め物 | おかゆ | とろろ | そば・うどん | | ラーメン | スパゲティ |

**アクの強さ** ★★

塩ひとつまみ加えた熱湯で5分ほど茹で、冷水にとって10〜15分さらす。

**葉**
葉の表面に、淡黄色〜紫褐色の斑点が入りやすい。

**トリカブト**
猛毒のトリカブト。若葉のうちは間違えやすいので要注意。

LINK　P16「毒草とはどういうものか」

湿り気のあるところを好んで群生する。

### 根生葉

表

3 全裂する。

側片が
2 深裂する。

長い柄がある。

先端部は粗い
ギザギザ（鋸歯）状になる。

裏

葉脈が浅く突出する。

裏面は緑白色。

### 花

白色もしくは帯紅白色の花をつける。

やわらかい若葉を摘みとる。

山地

## ハナイカダ [花筏]

**採取時期**: 4・5(若葉・若芽)、8・9・10(果実)

[食べられる部位]: 若葉、若芽、果実、その他

**学名**: *Helwingia japonica*
**分類**: ミズキ科ハナイカダ属
**別名**: ママッコ、ヨメノナミダ

### 生態
丘陵から山地にかけての林内や谷の斜面などに生える落葉低木で、北海道南部と、本州、四国、九州に分布する。

### 特徴
- **形状**: 幹は屈曲しやすく、上部でよく枝を分け、高さ1〜3m内外になる。樹皮は、若木では緑色、老木では赤褐色で滑らかだが、まるい皮目が散在する。若い枝は帯紫緑色。
- **葉**: 長さ1〜7cm内外で紫色がかった柄があり、互生する。葉身は、長さ3〜13cm内外、幅2〜6cm内外の広楕円形で、先端が尾状に伸びて尖り、基部は広めのくさび形、縁には芒状(イネやムギの花の外殻にある針状の突起)のギザギザ(鋸歯)がある。
- **花期**: 雌雄異株。4〜6月ごろ、葉の表面の主脈中央部に径4〜5mm内外の淡緑色の4弁花をつける。雄花は数個ずつ、雌花は通常1個ずつつく。
- **その他**: 果実は径7〜10mm内外の球形の核果で、8〜10月ごろ紫黒色に熟す。この熟果は甘みがあって食べられる。

### 見極め&採り方のコツ
**葉の主脈中央部に花をつける**

花をつける前か、花をつけた直後のやわらかな葉を選び、柄のつけ根から爪先で切りとる。

### 調理法

| おひたし | サラダ | きんぴら | 和え物 | 生食 | きんとん | 煮物 |
| 酢の物 | 餅草 | つくだ煮 | 汁の実 | 卵とじ | 煮びたし | 薬味 |
| 鍋物 | 天ぷら | 漬け物 | 焼き物 | 素揚げ | 炒め | 蒸し物 |
| 炒め物 | おかゆ | とろろ | そば・うどん | ラーメン | スパゲティ |

※ 生食は果実のみ

| アクの強さ | ★ |

塩ひとつまみ加えた熱湯で6〜7分茹で、冷水にとって10分ほどさらす。

葉の主脈中央部につくハナイカダの花。

紫黒色に熟すハナイカダの果実。

**若葉** 広楕円形

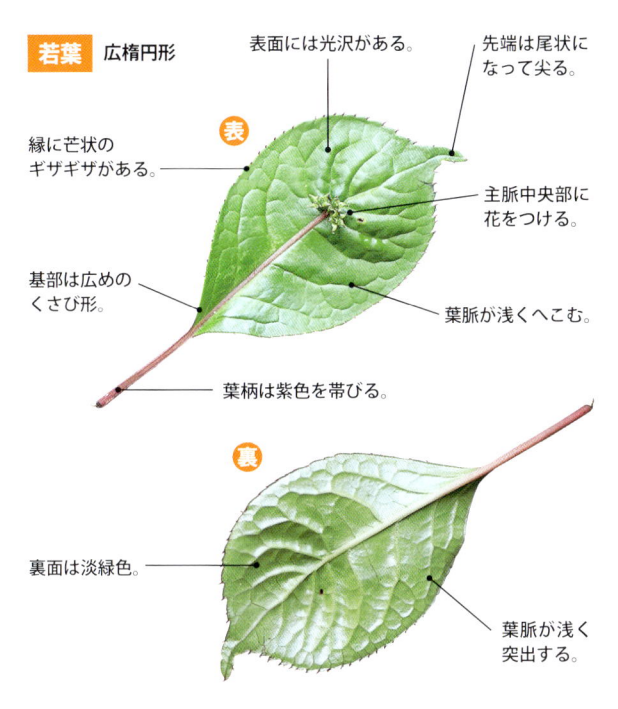

**表**
- 表面には光沢がある。
- 先端は尾状になって尖る。
- 縁に芒状のギザギザがある。
- 主脈中央部に花をつける。
- 基部は広めのくさび形。
- 葉脈が浅くへこむ。
- 葉柄は紫色を帯びる。

**裏**
- 裏面は淡緑色。
- 葉脈が浅く突出する。

**樹皮**
若い枝は帯紫緑色。

**新芽**
ハナイカダの新芽。

山地

下部からよく枝を分ける。

# ハンゴンソウ ［反魂草］

**学名**：*Senecio cannabifolius*
**分類**：キク科キオン属
**別名**：アサガラ、イツツバ、クキダチ、ニンギョウソウ、ヤマアサなど

**採取時期**：5・6（若芽）

[食べられる部位]：若芽

## 生態
山地の林の縁や草地、谷ぎわなどに生える多年草。湿り気のある日当たりのよい場所を好み、群生しやすい。北海道と中部地方以北の本州に分布。

## 特徴
- **形状**：横に伸びる根茎から太い茎を直立させ、1〜2m内外の草丈になる。若い茎はしばしば紅紫色を帯びる。
- **葉**：長さ20cm内外で、羽状に3〜7深裂し、縁には鋭いギザギザ（重鋸歯）がある。互生。
- **花期**：7〜9月ごろ、茎先に径2cm内外の黄色の頭花を散房状にたくさんつける。
- **その他**：茎を折ると、特有の強い芳香がある。

## 見極め＆採り方のコツ
**若茎を折って切り口を嗅ぐと特有の強い芳香がある**
太めの若芽を選び、生えぎわから折りとる。

## 調理法
おひたし／和え物／煮物／天ぷら／炒め物　など

**アクの強さ**：★★★★★

塩ひとつまみ加えた熱湯で15分ほど茹で、冷水にとって一晩さらす。

7〜9月ごろ、黄色の頭花をつける。

| 葉 | 若芽 |

葉は羽状に3〜7深裂する。　　　　　　　　ハンゴンソウの若芽。こんな若芽を摘みとる。

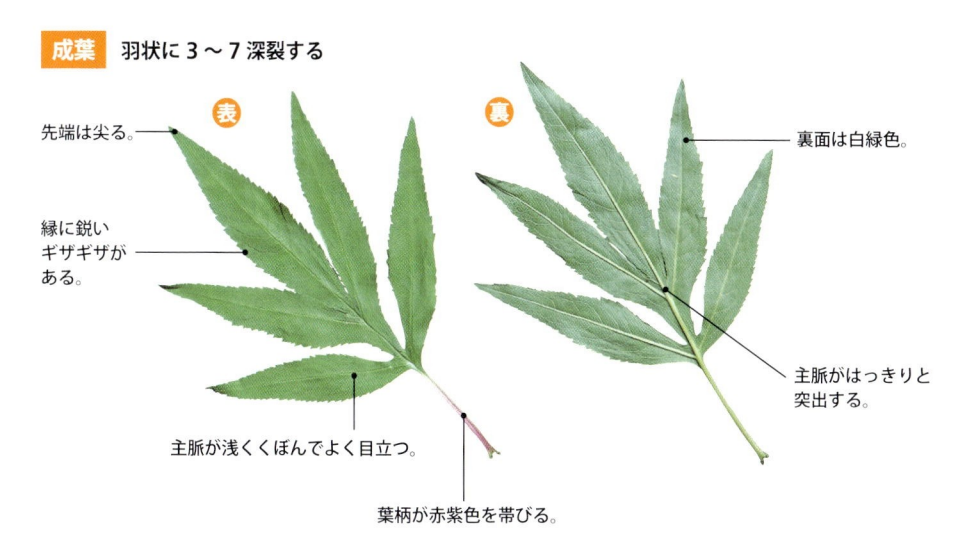

山地

**成葉**　羽状に3〜7深裂する

表

先端は尖る。

縁に鋭いギザギザがある。

主脈が浅くくぼんでよく目立つ。

葉柄が赤紫色を帯びる。

裏

裏面は白緑色。

主脈がはっきりと突出する。

注 薬

採取時期 | 1 | 2 | 3 | **4** | **5** | **6** | 7 | 8 | 9 | 10 | 11 | 12
若芽: 4・5・6

# ミツバウツギ ［三葉空木］

**学名**：*Staphylea bumalda*
**分類**：ミツバウツギ科ミツバウツギ属
**別名**：カサナ、コメウツギ、コメゴメ、コメナ、コメノキなど

[食べられる部位]：若芽

## 生態
平地から山地までの雑木林の林内や林の縁、谷ぎわなどに生える落葉低木。北海道、本州、四国、九州に分布する。

## 特徴
- **形状**：よく枝を分け、3〜5m 内外の高さになる。
- **葉**：長さ 2〜3cm 内外の柄を持つ 3 枚の小葉からなる複葉で、対生する。小葉は、長さ 3〜7cm 内外の長卵状楕円形で、先端が尖り、縁には低くて鋭いギザギザ（鋸歯）がある。
- **花期**：5〜6 月ごろ、枝先に円錐状花序を出し、長さ 7〜8mm 内外の白色の花をたくさんつける。この花は全開せず、半開のまま散る。
- **その他**：花の後、扁平で矢筈（弓矢の上端の弦をあてがう部分）のような形をした蒴果を結ぶ。

## 見極め & 採り方のコツ
**3 枚の小葉からなる複葉**
花をつける前か、つぼみのうちの若芽を摘みとる。

## 調理法
おひたし／和え物／つくだ煮

**アクの強さ** ★★★

塩ひとつまみ加えた熱湯で 7〜8 分茹で、冷水にとって 10 分ほどさらす。

**花**：平開しない白色の花をつける。

**葉**：ミツバウツギの葉。名前のように 3 出複葉となる。

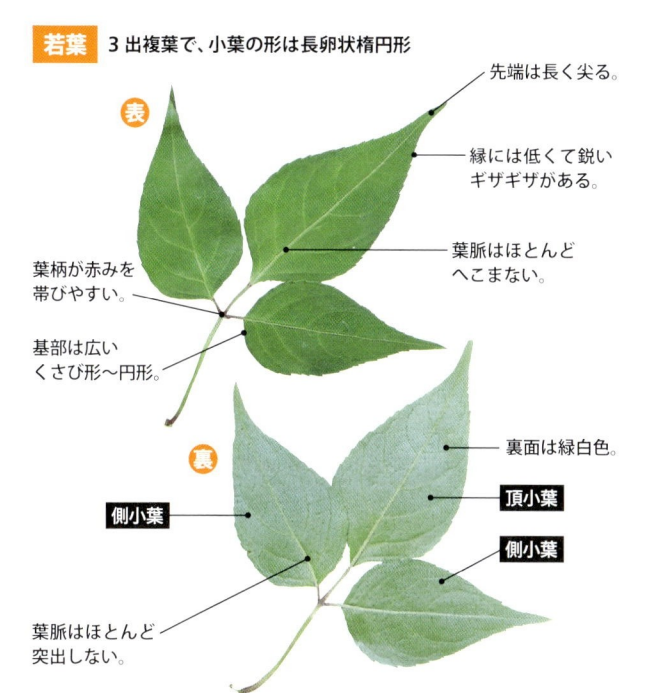

**若葉** 3出複葉で、小葉の形は長卵状楕円形

**表**

- 先端は長く尖る。
- 縁には低くて鋭いギザギザがある。
- 葉脈はほとんどへこまない。
- 葉柄が赤みを帯びやすい。
- 基部は広いくさび形〜円形。

**裏**

- 裏面は緑白色。
- 頂小葉
- 側小葉
- 側小葉
- 葉脈はほとんど突出しない。

**樹皮**

樹皮は灰褐色で、縦に浅いすじ状の割れ目ができる。

**果実**

ミツバウツギの矢筈形の果実。

山地

下部からよく枝を分け、枝を横に広げる。

注 薬

採取時期 | 1 | 2 | 3 | **4** | **5** | **6** | 7 | 8 | 9 | 10 | 11 | 12
※4〜6月は若茎

# ミヤマイラクサ［深山蕁草］

**名人おすすめ！**

[食べられる部位]
全草／若葉／花／若茎／若芽／その他

学名：*Laportea macrostachya*
分類：イラクサ科ムカゴイラクサ属
別名：アイコ、イラ、イラグサ、エゴキ、エラなど

## 生態
山地の暗い林床や谷すじの斜面など、湿った場所を好んで生える多年草。北海道南部、本州、九州北部に分布する。

## 特徴
- **形状**：まるみの強い葉を水平に広げ、40〜100cm内外の草丈になる。
- **葉**：長さ8〜20cm内外のまるみが強い広卵形で、先端が尖って突出し、縁には粗いギザギザ（鋸歯）がある。10cm内外の柄があり、互生する。
- **花期**：7〜9月ごろ、下部の葉のわきに長さ5〜10cm内外の雄花序を、茎先の葉のわきに長さ20〜30cm内外の雌花序をつける。
- **その他**：全身に白い刺毛があり、素手で触れると痛がゆく、この痛がゆさは2時間ほど持続する。

## 見極め＆採り方のコツ
**全身が白いトゲ状の毛に被われる**
必ず軍手（手のひら側がゴム状になっているものがベスト）やゴム手袋をはめて摘み、その場で葉をむしって茎だけを持ち帰る。

## 調理法

| おひたし | サラダ | きんぴら | **和え物** | 生食 | きんとん | 煮物 |
| 酢の物 | 酢草 | つくだ煮 | **汁の実** | 卵とじ | 煮びたし | 薬味 |
| 鍋物 | 天ぷら | 漬け物 | 焼き物 | 素揚げ | 菜めし | 蒸し物 |
| 炒め物 | おかゆ | とろろ | **そば・うどん** | | ラーメン | スパゲティ |

アクの強さ ★★

見かけによらずアクは弱く、塩ひとつまみ加えた熱湯で5分ほど茹で、冷水にとって7〜8分さらす。痛がゆい刺毛も、熱を通すと脱落する。触るときは、軍手かゴム手袋をはめたほうがよい。

湿り気のある場所を好んで生える。

茎の太いものを選んで摘みとる。

**茎葉** 先端は突出して尖る。

若い葉には、葉面にもトゲが散在する。

縁には粗いギザギザがある。

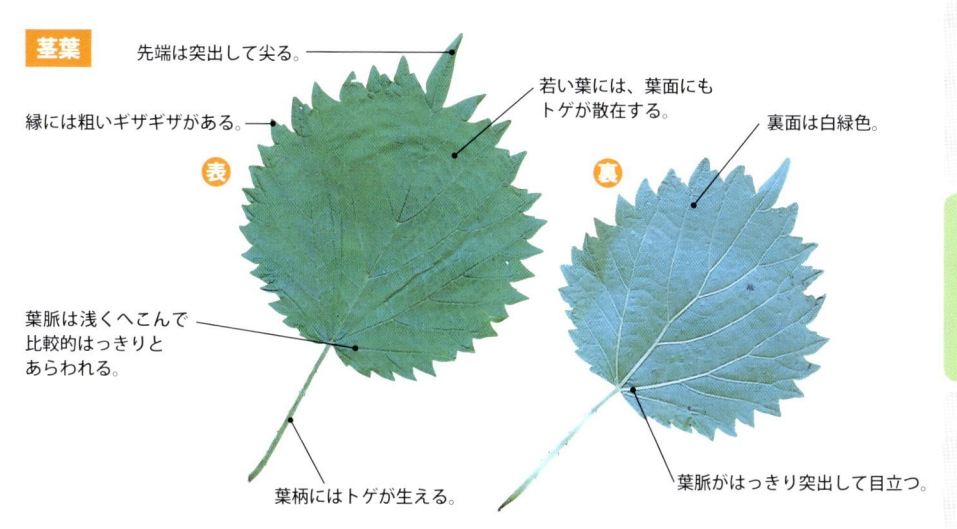

裏面は白緑色。

表

裏

葉脈は浅くへこんで比較的はっきりとあらわれる。

葉柄にはトゲが生える。

葉脈がはっきり突出して目立つ。

山地

**葉**

**茎**

葉はまるみが強く、縁は粗いギザギザになる。

茎には鋭い刺毛があり、素手でさわると刺さって痛い。

# モミジガサ ［紅葉笠］

採取時期：4　5　6（若葉・若芽）

名人おすすめ！

［食べられる部位］若葉、若芽

学名：*Cacalia delphiniifolia*
分類：キク科コウモリソウ属
別名：キノシタ、シドキ、シドケ、トウキチなど

## 生態
山地の林床、谷すじの斜面など、湿り気のある場所を好んで生える多年草。北海道、本州、四国、九州に分布する。

## 特徴
- 形状：茎は直立し、上部で枝を分けて60〜90cm内外の草丈になる。
- 葉：長さ8〜15cm内外、幅10〜20cm内外で、掌状に5〜7裂し、裂片は先が尖った長楕円形。長い柄があり、互生する。葉はやわらかでうすく、裏面には短毛がある。若葉のうちは表面に光沢がある。
- 花期：8〜9月ごろ、茎の上部で円錐状に枝を分け、長さ8mm内外の白色または帯紫白色の小さな筒状花をたくさんつける。
- その他：花の後、長さ5mm内外のそう果を結ぶ。

## 見極め＆採り方のコツ
**光沢のあるモミジに似た手のひら状の葉**
葉に光沢がある若芽を摘みとる。「ヤブレガサ」の若芽に似るが、ヤブレガサの若芽は毛を密にかぶるのに対し、モミジガサの若芽は毛がなく、光沢がある。

## 調理法
おひたし、サラダ、きんぴら、和え物、きんとん、煮物、酢の物、汁の実、卵とじ、煮びたし、薬味、鍋物、天ぷら、漬け物、焼き物、菜めし、蒸し物、炒め物、おかゆ、とろろ、そば・うどん

アクの強さ：★★★

塩ひとつまみ加えた熱湯で軽く茹で、冷水にとって7〜8分さらす。

モミジガサの若芽。

茎の太いものを選んで摘みとる。

LINK P208 ヤブレガサ

**成葉** 掌状に5〜7裂する

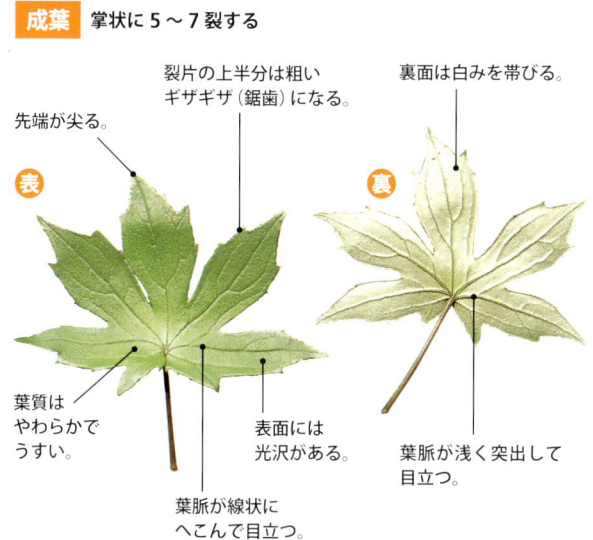

先端が尖る。

裂片の上半分は粗いギザギザ（鋸歯）になる。

裏面は白みを帯びる。

表

裏

葉質はやわらかでうすい。

表面には光沢がある。

葉脈が線状にへこんで目立つ。

葉脈が浅く突出して目立つ。

**花**

モミジガサの花。

山地

湿った場所を好んで生える。

207

注 薬

**採取時期** — 若葉・若茎・若芽 — 4 5 6

[食べられる部位] 全草 / 若葉 / 花 / 若茎 / 若芽 / その他

# ヤブレガサ ［破レ傘］

学名：*Syneilesis palmata*
分類：キク科ヤブレガサ属
別名：ヤブレッパ

### 生態
落葉樹林の林床（りんしょう）や林の縁に生える多年草で、半日陰の場所を好む。本州、四国、九州に分布。

### 特徴
- **形状**：横に長く伸びる根茎（こんけい）から、根生葉（こんせいよう）を1枚ずつ直立させて群生する。花茎（けい）は直立して70〜100cm内外の高さになる。
- **葉**：根生葉は、直立する太めの葉柄（ようへい）の先に1枚ずつつき、はじめは傘をすぼめたような姿をしているが、しだいに開いて水平になる。葉身（ようしん）は円形で、掌状（しょうじょう）に7〜9深裂し、粗いギザギザ（鋸歯（きょし））があり、破れた雨傘のように見える。
- **花期**：7〜10月ごろ、花茎の先に円錐花序を出し、長さ8〜10mm内外で白色もしくは淡紅色の筒状花をたくさんつける。
- **その他**：葉をすぼめているうちは全体に白い軟毛（なんもう）に被われる。この毛は、開くにつれてしだいに脱落し、開ききったころにはなくなる。

### 見極め＆採り方のコツ
**破れた雨傘のような姿**
白い毛をつけているうちの若葉を、葉柄ごと生えぎわから摘みとる。「モミジガサ」の若芽に似るが、モミジガサの若芽には毛がなく光沢があるのに対し、ヤブレガサの若芽は毛を密にかぶる。

### 調理法

| おひたし | サラダ | きんぴら | 和え物 | 生食 | きんとん | 煮物 |
|---|---|---|---|---|---|---|
| 酢の物 | 餅草 | つくだ煮 | 汁の実 | 卵とじ | 煮びたし | 薬味 |
| 鍋物 | 天ぷら | 漬け物 | 焼き物 | 素揚げ | 菜めし | 蒸し物 |
| 炒め物 | おかゆ | とろろ | そば・うどん | | ラーメン | スパゲティ |

| アクの強さ | ★★★ |
|---|---|

塩ひとつまみ加えた熱湯で7〜8分茹で、冷水にとって15分ほどさらす。

ヤブレガサの花。

LINK P206 モミジガサ

**根生葉** 掌状に7〜9深裂する

先端が尖る。

裏面は緑白色。

表

裏

縁は粗いギザギザになる。

葉脈の基部が赤みを帯びやすい。

葉脈が突出してよく目立つ。

山地

**葉**

葉が開くと、破れた雨傘のような形になる。

**若苗**

群生しやすいヤブレガサの若苗。

| 注 | 薬 |

採取時期: ← 若葉・若芽 →　4　5　6

# ヤマウコギ ［山五加］

名人おすすめ！

[食べられる部位]　全草／若葉／花／若茎／若芽／その他

**学名**：*Acanthopanax spinosus*
**分類**：ウコギ科ウコギ属
**別名**：ウコギ、オニウコギ、トゲキノメなど

## 生態
低山地の林内や林の縁、谷ぎわなどに生える落葉低木。北海道、本州に分布する。

## 特徴
- **形状**：横に広がりやすい枝を分け、2〜4m内外の高さになる。枝には鋭いトゲがあり、古い枝では楕円状の皮目が生じる。
- **葉**：5小葉からなる掌状複葉（しょうじょうふくよう）で、長さ3〜7cm内外の長い柄がある。小葉は長さ3〜7cm内外、幅1.5〜4cm内外の倒卵状長楕円形で、先端が尖り、縁には粗くて浅い波状のギザギザ（鋸歯）がある。5枚の小葉のうち、中央の小葉（頂小葉）がもっとも大きくなり、若葉のうちは光沢がある。
- **花期**：雌雄異株（しゆういしゅ）。5〜6月ごろ、短枝（たんし）の先に球状の散形花序を出し、黄緑色で径4mm内外の5弁花をたくさんつける。
- **その他**：花の後、径5〜6mm内外の球果（きゅうか）を結び、9月ごろ黒熟する。

## 見極め＆採り方のコツ
**枝に鋭いトゲがある**
枝から上向きに生え出た若芽を、葉柄（ようへい）ごと摘みとる。

## 調理法
おひたし／サラダ／きんぴら／**和え物**／生食／きんとん／**煮物**
酢の物／餅草／つくだ煮／**汁の実**／卵とじ／煮びたし／薬味
鍋物／**天ぷら**／漬け物／焼き物／素揚げ／**菜めし**／蒸し物
炒め物／おかゆ／とろろ／そば・うどん／ラーメン／スパゲティ

| アクの強さ | ★★ |

塩ひとつまみ加えた熱湯で5分ほど茹で、冷水にとって7〜8分さらす。

**果実**
球形の果実を球状に集めてつける。

**樹皮**
成木の樹皮は暗灰色で、縦にひび割れ状の皮目がある。

**枝** 若い枝には鋭くて扁平なトゲがある。

**花** ヤマウコギの花。

山地

根元から枝を分け、小枝を多く出す。

**薬用** 根と皮を乾燥し、ホワイトリカーに漬けて強壮の薬酒にするほか、糖尿病に煎じて飲用する。

**若葉** 掌状複葉で、小葉は5枚。小葉の形は倒卵状長楕円形

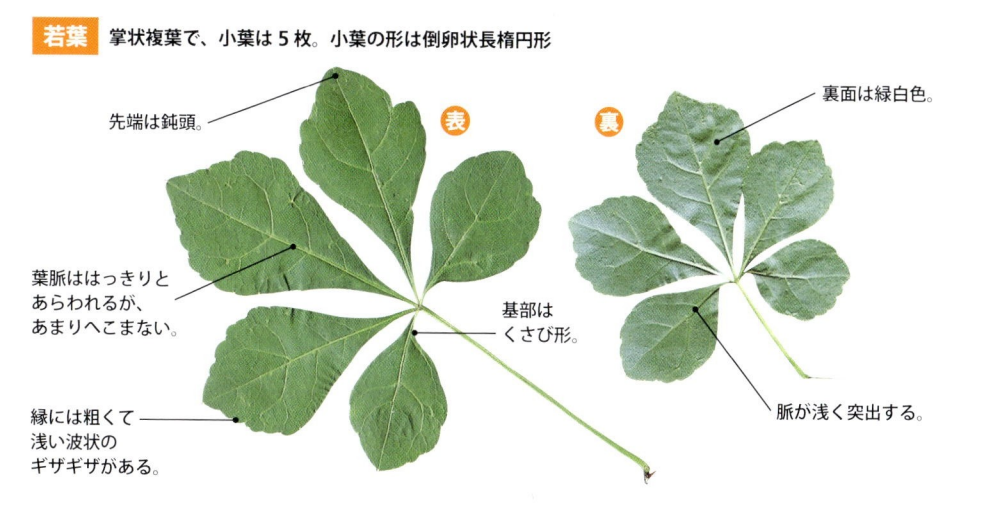

先端は鈍頭。

葉脈ははっきりとあらわれるが、あまりへこまない。

縁には粗くて浅い波状のギザギザがある。

**表**

基部はくさび形。

**裏**

裏面は緑白色。

脈が浅く突出する。

211

注 薬

採取時期　←若茎・若芽→
1 2 3 **4 5 6** 7 8 9 10 11 12

# ヤマブキショウマ［山吹升麻］

学名：*Aruncus dioicus var. kamtschaticus*
分類：バラ科ヤマブキショウマ属
別名：アイコダラ、イワダラ、クサダラ、ヤンダラなど

[食べられる部位]
全草 / 若葉 / 花 / 若茎 / 若芽 / その他

## 生態
山地の林内や林の縁、やぶぎわなどに生える多年草で、湿った場所を好む。北海道、本州、四国、九州に分布する。

## 特徴
- 形状：地中の木質の根茎から茎を直立させ、上部でよく枝を分けて50〜100cm内外の草丈になる。
- 葉：9枚の小葉からなる2回3出複葉。小葉は長さ5〜10cm内外、幅2〜4cm内外の卵形で、先端が尖り、縁には粗いギザギザ（鋸歯）がある。
- 花期：6〜8月ごろ、茎先にいくつもの円錐状花穂を出し、小さな黄白色の5弁花をたくさんつける。
- その他：葉の姿が「ヤマブキ」に似るのが名前の由来。

## 見極め＆採り方のコツ
**葉の姿が「ヤマブキ」に似る**
**毛がない若芽**
茎の太い若芽を選び、生えぎわから摘みとる。「トリアシショウマ」の若芽に似るが、トリアシショウマの若芽は褐色の毛が密生するのに対し、本種の若芽には毛がない。

## 調理法

| おひたし | サラダ | きんぴら | 和え物 | 生食 | きんとん | 煮物 |
| 酢の物 | 餅草 | つくだ煮 | 汁の実 | 卵とじ | 煮びたし | 薬味 |
| 鍋物 | 天ぷら | 漬け物 | 焼き物 | 素揚げ | 菜めし | 蒸し物 |
| 炒め物 | おかゆ | とろろ | そば・うどん | | ラーメン | スパゲティ |

※ サラダにするときも、茹でてアクを抜いてから用いる。

| アクの強さ | ★★ |

塩ひとつまみ加えた熱湯で5分ほど茹で、冷水にとって7〜8分さらす。

LINK P194 トリアシショウマ

**成葉** 2回3出複葉

- 先端が尖る。
- 縁には粗いギザギザがある。
- 葉脈はよく目立つ。

葉軸や葉柄が茶褐色を帯びる。

こんな若芽を摘みとる。

**花**

ヤマブキショウマの花。

山地

毛をかぶらないヤマブキショウマの若芽。

# ヤマブドウ ［山葡萄］

学名：*Vitis coignetiae*
分類：ブドウ科ブドウ属
別名：オオエビヅル、ガネブ、サナヅラなど

採取時期：4 5 6／9 10
若葉・若芽／果実

[食べられる部位]：若葉、若芽、果実

## 生態
山地の林に生えるつる性落葉木で、北海道、本州、四国に分布する。

## 特徴
- **形状**：葉に対生して出す巻きひげを他樹にからめて数メートルに伸長し、からんだ樹木の樹冠(上部の枝や葉が茂っている部分)を被う。茎は赤褐色で、樹皮が細長く縦に裂けやすい。
- **葉**：長さ15〜30cm内外の五角状心円形で、縁には不ぞろいの鋭いギザギザ(鋸歯)があり、基部がハート形にくぼむ。裏面には茶褐色の綿毛が密に生え、長い柄で互生する。
- **花期**：若芽とほとんど同時に、葉と対生状に長さ20cm内外の円錐花序を出し、黄緑色の小さな5弁花をたくさんつける。
- **その他**：花の後、径8〜10mm内外の球形の液果を結び、9〜10月ごろ黒紫色に熟し、表面に白い粉を帯びる。この果実も食べられる。

## 見極め＆採り方のコツ
**全体が白っぽく、縁が赤みを帯びた若葉**
若芽・若葉は生えぎわから爪先で挟み切る。果実は葉の裏側からのぞくと見つけやすい。「エビヅル(食用)」と似るが、エビヅルは分布域(標高)が相対的に低く、本種より小型で、葉が長さ・幅ともに4〜8cm内外、果実も径6mm内外と小さい。

## 調理法

| おひたし | サラダ | きんぴら | **和え物** | **生食** | きんとん | 煮物 |
|---|---|---|---|---|---|---|
| 酢の物 | 餅草 | つくだ煮 | 汁の実 | 卵とじ | 煮びたし | 薬味 |
| 鍋物 | **天ぷら** | 漬け物 | 焼き物 | 素揚げ | 菜めし | 蒸し物 |
| **炒め物** | おかゆ | とろろ | そば・うどん | | ラーメン | スパゲティ |

※ 若葉・若芽は和え物・天ぷら・炒め物、果実は生食のほかジュース・ジャム・ゼリー

| アクの強さ | ★★★ |
|---|---|

塩ひとつまみ加えた熱湯で7〜8分茹で、冷水にとって10分ほどさらす。

他樹にからんで高く伸び上がる。

つる芽をさかんに伸ばし、他樹にからむ。

## 若葉　五角状心円形で、浅く3裂することも多い

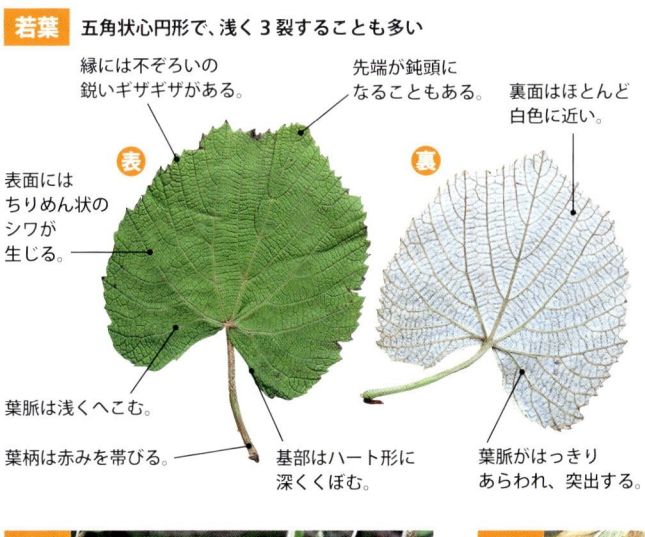

- 縁には不ぞろいの鋭いギザギザがある。
- 先端が鈍頭になることもある。
- 裏面はほとんど白色に近い。
- 表面にはちりめん状のシワが生じる。
- 葉脈は浅くへこむ。
- 葉柄は赤みを帯びる。
- 基部はハート形に深くくぼむ。
- 葉脈がはっきりあらわれ、突出する。

表／裏

### 花
ヤマブドウの花。 

### 樹皮
樹皮は赤褐色〜暗褐色で、縦に長くはがれる。

### 若芽
ヤマブドウの若芽。

### 果実
ヤマブドウの果実。

山地

| 注 | 薬 | | 採取時期 | 1 | 2 | 3 | 4 | 5 | 6 | 7 | 8 | 9 | 10 | 11 | 12 |

←――― 鱗茎 ――→

# ヤマユリ [山百合]

[食べられる部位] 全草／若葉／花／若茎／若芽／その他（鱗茎）

**学名**：*Lilium auratum*
**分類**：ユリ科ユリ属
**別名**：エイザンユリ、ホウライジユリ、ヨシノユリなど

### 生態
山地や丘陵地の林床や林の縁に生える多年草で、水はけのよい土質を好む。近畿地方以北の本州に分布する。

### 特徴
- **形状**：春に地中の鱗茎から若芽を伸ばし、茎をほぼ直立させて1〜1.5m内外の草丈になる。
- **葉**：長さ10〜15cm内外の広披針形で、先端が尖り、茎を螺旋状に巻くように互生する。
- **花期**：6〜8月ごろ、茎の上部に、径20cm内外の大型の白い6弁花を横向きに数個つける。花弁（花被片）の内側には、黄色い帯状のすじと紅い斑点があり、強い芳香を放つ。
- **その他**：地中に径6〜10cm内外の扁球形の鱗茎があり、これをとって食用する。

### 見極め＆採り方のコツ
**花弁に黄色の帯と紅い斑点がある**
花が咲いた時期に株の場所を覚えておき、地上部が枯れてからスコップなどで掘り出す。

### 調理法

| おひたし | サラダ | きんぴら | 和え物 | 生食 | きんとん | 煮物 |
| 酢の物 | 餅菓 | つくだ煮 | 汁の実 | 卵とじ | 煮びたし | 薬味 |
| 調物 | 天ぷら | 漬け物 | 焼き物 | 素揚げ | 菜めし | 蒸し物 |
| 炒め物 | おかゆ | とろろ | そば・うどん | | ラーメン | スパゲティ |

※ 上記のほかに塩茹で・甘煮

| アクの強さ | ★ |

アク抜きする必要はない。

**鱗茎**
ヤマユリの鱗茎。「ユリ根」と呼ばれるここを食べる。

**ササユリ**
ササユリの鱗茎も、ヤマユリと同様に食用できる。

成葉

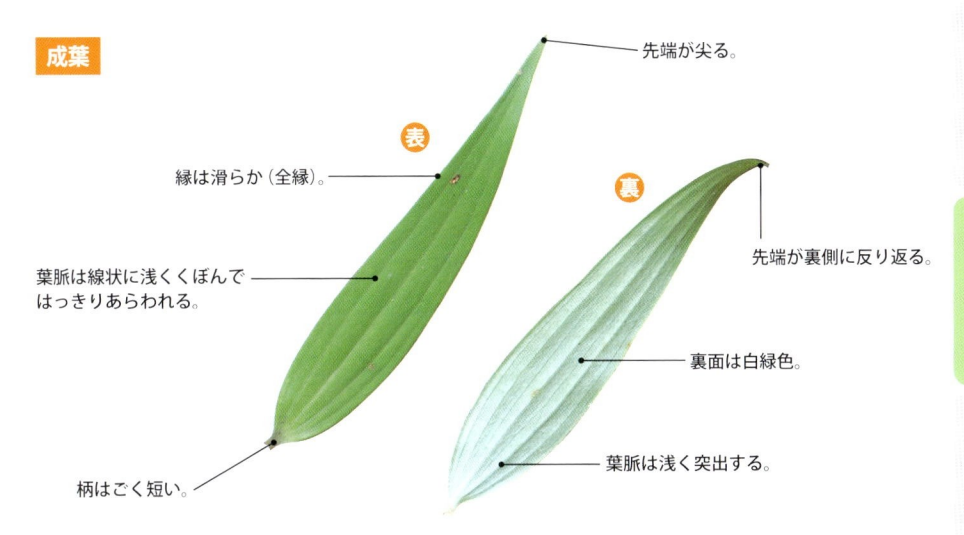

先端が尖る。

表

縁は滑らか（全縁）。

裏

葉脈は線状に浅くくぼんではっきりあらわれる。

先端が裏側に反り返る。

裏面は白緑色。

葉脈は浅く突出する。

柄はごく短い。

山地

花

茎をほぼ直立させて伸びる。

大型の花を横向きにつける。

| 採取時期 | 1 | 2 | 3 | **4** | **5** | **6** | 7 | 8 | 9 | 10 | 11 | 12 |

若芽: 4・5・6

# ユキザサ [雪笹]

**名人おすすめ！**

[食べられる部位]：若芽

- 学名：*Smilacina japonica*
- 分類：ユリ科ユキザサ属
- 別名：アズキナ、ササナ、スズメユリなど

## 生態
山地の半日陰になるような林内に生える多年草で、北海道、本州、四国、九州に分布する。

## 特徴
- **形状**：地中を横に這う根茎（こんけい）から茎を伸ばし、20～60cm内外の草丈になる。茎は粗い毛があり、上部は弓状に曲がる。
- **葉**：長さ6～15cm内外、幅2～5cm内外の卵状長楕円形で、基部がまるく、両面とも粗い毛（特に裏面）がある。茎の上半部に5～7枚が2列状に互生（ごせい）する。
- **花期**：5～7月ごろ、茎先に円錐花序を出し、白色の小さな花をたくさんつける。花被片（かひへん）は6枚あり、長さ3～4mm内外の長楕円形。

## 見極め＆採り方のコツ
**筆のような形をした若芽**
筆のような形をした若芽を生えぎわから摘みとる。ハサミやナイフで切りとるとよい。

## 調理法

| おひたし | サラダ | きんぴら | 和え物 | 生食 | きんとん | 煮物 |
| 酢の物 | 餅草 | つくだ煮 | 汁の実 | 卵とじ | 煮びたし | 薬味 |
| 鍋物 | 天ぷら | 漬け物 | 焼き物 | 素揚げ | 菜めし | 蒸し物 |
| 炒め物 | おかゆ | とろろ | そば・うどん | | ラーメン | スパゲティ |

**アクの強さ**　★

アクは弱く、塩ひとつまみ加えた熱湯で軽く茹で、3分ほど冷水にさらす。

**若芽**　ユキザサの若芽。

茎の太い若芽を選んで摘みとる。

## 茎葉

- 先端は尖る。
- 表
- 裏
- 縁は滑らか（全縁）。
- 葉脈は線状に浅くくぼみ、葉先まで縦に走る。
- 基部は茎を抱く。
- 裏面は白みを帯び、弱い光沢がある。
- 葉脈は浅く突出する。

## 花（オオバユキザサ）

5〜7月ごろ、白い小さな花をたくさんつける（写真はオオバユキザサ）。

| 注 | 薬 | | 採取時期 | 1 | 2 | 3 | **4** | **5** | **6** | 7 | 8 | 9 | 10 | 11 | 12 |

・若葉・若茎・若芽・

# ヨブスマソウ [夜衾草]

**名人おすすめ！**

[食べられる部位]
全草 / 若葉 / 花 / 若茎 / 若芽 / その他

学名：*Cacalia hastata var. orientalis*
分類：キク科コウモリソウ属
別名：カワホリナ、コウモリナ、ボウナ、ホンナ、ボンナなど

## 生態
山地の湿り気の多い林床（りんしょう）や谷ぎわに群生する多年草で、北海道と北関東以北の本州に分布する。

## 特徴
- **形状**：中が空洞の太めの茎を直立させ、1～2m内外の草丈になる。
- **葉**：長さ25～35cm内外、幅30～40cm内外の幅広の三角形。縁が粗く切れ込み、長さ9～13cm内外の葉柄（ようへい）があり、互生（ごせい）する。葉柄の基部には幅の広い翼があって、茎を抱く。この葉の形が「ヨブスマ（ムササビやコウモリ）」に似ているのが名前の由来。
- **花期**：8～9月ごろ、茎先の円錐花序に長さ8～9mm内外の白い小さな花を頭状にたくさん集めてつける。
- **その他**：花の後、長さ5～8mm内外のそう果を結ぶ。

## 見極め＆採り方のコツ
**「ムササビ」や「コウモリ」の姿に似た幅広の三角形の葉**

できるだけ茎の太いものを選んで摘みとる。同属変種の「イヌドウナ（食用）」と似ているが、イヌドウナは葉柄基部の翼が広く、茎の中央部の葉が三角状腎形になる。

## 調理法

| おひたし | サラダ | きんぴら | 和え物 | 生食 | きんとん | 煮物 |
| 酢の物 | 餅草 | つくだ煮 | 汁の実 | 卵とじ | 煮びたし | 薬味 |
| 鍋物 | 天ぷら | 漬け物 | 焼き物 | 素揚げ | 菜めし | 蒸し物 |
| 炒め物 | おかゆ | とろろ | そば・うどん | | ラーメン | スパゲティ |

| アクの強さ | ★★★ |

塩ひとつまみ加えた熱湯で5分ほど茹で、冷水にとって7～8分さらす。

茎を抱く

沢べりを好んで生える。

220

**茎葉** 幅広の三角形

**表**
- 葉質はうすい。
- 先端が尖る。
- 縁が粗くギザギザ（鋸歯状）に切れ込む。
- 葉脈は線状に浅くくぼむ。
- 基部に幅広の翼があって、茎を抱く。

**裏**
- 裏面は白みを帯びる。
- 葉脈ははっきり突出する。

茎の中は空洞。

やわらかな芽先を摘みとる。

山地

**葉**

葉の形がヨブスマ（ムササビやコウモリ）に似ている。

| 注 | 薬 |

採取時期: 5, 6（若葉・若茎・若芽）

# リュウキンカ [立金花]

**学名**:*Caltha palustris var. membranacea*
**分類**:キンポウゲ科リュウキンカ属
**別名**:コガネバナ、フユナ、ヤチブキなど

[食べられる部位]：若葉、若茎、若芽

## 生態
低山地の水深の浅い流水中や湿地、沼地から高山の湿原まで生える多年草。本州と九州に分布する。

## 特徴
- **形状**：春に白いひげ状の根から、長い柄のある根生葉を束生し、初夏のころ、葉の間から花茎を伸ばして、50cm内外の草丈になる。
- **葉**：根生葉には長い柄があり、葉身は長さ、幅とも3〜10cm内外のまるみの強いハート形で、縁にはまるみを帯びた小さなギザギザ（鋸歯）がある。
- **花期**：4〜7月ごろ、中が空洞の花茎を伸ばし、茎先に径2cm内外の黄金色の花を2〜3個つける。
- **その他**：直立した花茎に、黄金色の花をつけるのが名前の由来。

## 見極め&採り方のコツ
**光沢のあるハート形の葉**
春から初夏のころ、やわらかな茎先と葉を摘みとる。花のつぼみをつけたままでもよい。同属で寒冷地性の「エゾノリュウキンカ（食用）」に似るが、エゾノリュウキンカは北海道と東北地方に分布し、全体に大型で、根生葉は幅10〜30cm内外、草丈も50〜80cm内外になる。

## 調理法
おひたし、和え物、天ぷら
※ほかに料理のうまにも使える

**アクの強さ** ★★

塩ひとつまみ加えた熱湯で7〜8分茹で、冷水にとって5分ほどさらす。

**根生葉**

表：
- 表面には光沢がある。
- 縁にはまるみを帯びた小さなギザギザが並ぶ。
- 基部は深くくびれる。
- 葉脈が網目状に走る。

裏：
- 裏面の色はやや淡く、光沢がある。
- 葉脈が浅く突出する。
- 長めの柄がある。

山地

流水中や湿地などに生え、4～7月ごろ、黄金色の花をつける。

**果実**

リュウキンカの果実。

若い芽先を摘みとる。つぼみも食べられる。

**エゾノリュウキンカ**

本種より大型のエゾノリュウキンカ。こちらも同様に食用できる。

| 注 | 薬 | | 採取時期 | 1 | 2 | 3 | **4** | **5** | **6** | 7 | 8 | 9 | 10 | 11 | 12 |

若芽

# リョウブ ［令法］

[食べられる部位]　若芽

**学名**：*Clethra barbinervis*
**分類**：リョウブ科リョウブ属
**別名**：サルダメシ、ハタツモリ、リョウボなど

### 生態
山地の日当たりのよい林内に生える落葉小高木で、北海道南部、本州、四国、九州に分布する。

### 特徴
- **形状**：木肌は「サルスベリ」に似た滑らかな赤褐色だが、灰色の樹皮がはげ落ちやすく、赤褐色と灰色のまだらに見える。よく枝分かれし、3〜7m内外の高さになる。
- **葉**：長さ8〜13cm内外の倒卵状長楕円形で、先端が尖り、縁には細かくて鋭いギザギザ（鋸歯）がある。葉身は厚めの紙のような質感で、表面には鈍い光沢があり、裏面には白い細毛がある。短い柄があり、密に互生する。
- **花期**：6〜8月ごろ、枝先に長さ8〜15cm内外の花穂を数本ずつ出し、径6〜7mm内外で、5深裂した白い小さな花をたくさんつける。
- **その他**：花の後、径5mm内外の球果を結ぶ。

### 見極め＆採り方のコツ
「サルスベリ」に似た滑らかな木肌
枝先に出る若芽を生えぎわから摘みとる。

### 調理法

| おひたし | サラダ | きんぴら | 和え物 | 生食 | きんとん | 煮物 |
|---|---|---|---|---|---|---|
| 酢の物 | 一夜漬 | つくだ煮 | 汁の実 | 卵とじ | 煮びたし | 佃煮 |
| 鍋物 | 天ぷら | 漬け物 | 焼き物 | 素揚げ | 菜めし | 蒸し物 |
| 炒め物 | おかゆ | とろろ | そば・うどん | | ラーメン | スパゲティ |

| アクの強さ | ★★★ |
|---|---|

塩ひとつまみ加えた熱湯で7〜8分茹で、冷水にとって15分ほどさらす。

**樹皮**
樹皮はまだら模様にはがれる。

**成葉**　倒卵状長楕円形
- 先端は鋭く尖る。
- 縁に細かいが鋭く尖ったギザギザがある。
- 横の脈（側脈）は8〜15対。
- 基部はくさび形。
- 表
- 裏
- 裏面は淡緑色。
- 葉脈が浅く突出する。

| 若芽 | 樹形 |

リョウブの若芽。この状態のものを摘む。  | 根元から枝を分け、輪生状に小枝を伸ばす。

山地

| 花 | 果実 |

リョウブの花。  | リョウブの果実。

注 薬

採取時期: 3 4 5 6 7 8 9 10（全草）

# ワサビ［山葵］

**名人おすすめ！**

[食べられる部位] 全草

**学名**：*Wasabia japonica*
**分類**：アブラナ科ワサビ属
**別名**：サビナ、サワワサビ、ヤマワサビ、ワサビナなど

## 生態
山地の谷川の浅瀬や流水ぎわ、水がしたたり落ちる岩壁などに生える多年草。北海道、本州、四国、九州に分布する。

## 特徴
- **形状**：ごつごつした地下茎から多数の長いひげ根を出して、岩のすき間や砂れきの間に根を張って生える。春早くに長い柄のある根生葉を束生し、ほどなく花茎を伸ばして20〜50cm内外の草丈になる。
- **葉**：根生葉は長い柄があり、長さ、幅とも8〜10cm内外の円心形で、縁には浅い波状のギザギザ（鋸歯）がある。表面はシワがよった感じがして光沢がある。
- **花期**：4〜5月ごろ、花茎の先に総状花序を出し、長さ8〜9mm内外の白い十字形花を球状につける。
- **その他**：花の後、長さ15〜17mm内外の数珠状にくびれた長角果を結ぶ。

## 見極め＆採り方のコツ
**光沢のあるハート形の葉**
開花期から結実期（4〜7月ごろ）にかけての根茎は、辛みも風味もとぼしいため、この時期は地上部だけを摘みとり、根茎は8月以降に掘りとるのがよい。同属の「ユリワサビ（食用）」は全体に小型で、葉柄の基部が黒紫色にふくらんでユリ根に似る。根茎は径1〜2mm内外と細く、根生葉は径2〜5cm内外の腎円形。葉と茎は食用できる。

## 調理法

| おひたし | サラダ | きんぴら | 和え物 | 生食 | きんとん | 煮物 |
|---|---|---|---|---|---|---|
| 酢の物 | 刺身 | つくだ煮 | 汁の実 | 卵とじ | 揚げ物 | 薬味 |
| 鍋物 | 天ぷら | 漬け物 | 焼き物 | 素揚げ | 菜めし | 蒸し物 |
| 炒め物 | おかゆ | とろろ | そば・うどん | | ラーメン | スパゲティ |

※若葉と若茎はおひたし・和え物・汁の実・天ぷら・浅漬け・ワサビ漬け、根茎は薬味・ワサビ漬け

**アクの強さ**：★

塩ひとつまみ加えた熱湯にくぐらせ、冷水にとって5分ほどさらす。おひたしの場合は、一口大に刻んで塩でもみ、上からまんべんなく熱湯をかけたらすぐ冷水にとって熱をとる。水気をしぼって容器に移し、冷蔵庫に一晩おいてから食べるとよい。

**根**
ごつごつした地下茎から長いひげ根をたくさん出す。

谷川の流水中や流水ぎわに生える。

### 根生葉

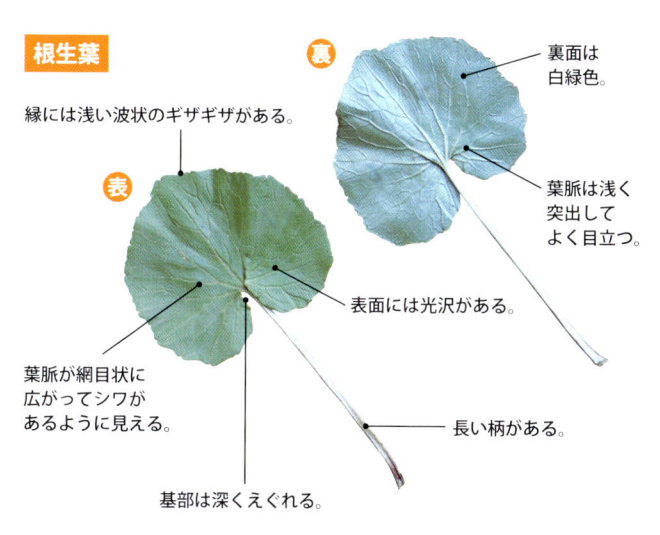

縁には浅い波状のギザギザがある。

裏面は白緑色。

葉脈は浅く突出してよく目立つ。

表面には光沢がある。

葉脈が網目状に広がってシワがあるように見える。

長い柄がある。

基部は深くえぐれる。

### 花

4～5月ごろ、白い十字形花を球状につける。

| 注 | 薬 | | 採取時期 | 1 | 2 | 3 | **4** | **5** | **6** | 7 | 8 | 9 | 10 | 11 | 12 |

←若茎・若芽→

# ワラビ [蕨]

**名人おすすめ！**

[食べられる部位] 若茎・若芽

**学名**：*Pteridium aquilinum var. latiusculum*
**分類**：ワラビ科ワラビ属
**別名**：シトケ、ホダ、ホデラ、ヤワラビ、ヨメノサイ、ワラビナなど

## 生態
平地から山地までの日当たりのよい草地、土手、林の縁、伐採地などに生える多年性シダ植物。日本全土に分布する。

## 特徴
- **形状**：良質のデンプンを含む肉質の根茎から、握りこぶし状の新芽を伸ばし、これが生長して葉になり、1.5m内外の草丈になる。
- **葉**：2～3回羽状複葉で、全形は卵状三角形になる。裏面には軟毛があり、各小葉の裏面の縁に、胞子のう群が連続的につく。
- **花期**：花はつけない。
- **その他**：根茎からデンプンをとり、精製してワラビ粉をつくる。

## 見極め＆採り方のコツ
**こぶしを握ったような若芽**
若芽を下から上へしごいて、自然にちぎりとれるところから摘みとる。

## 調理法

| おひたし | サラダ | きんぴら | **和え物** | 生食 | きんとん | 煮物 |
|---|---|---|---|---|---|---|
| 酢の物 | 餅菓 | つくだ煮 | 汁の実 | 卵とじ | 煮びたし | 薬味 |
| 鍋物 | 天ぷら | 漬け物 | 焼き物 | 素揚げ | 菜めし | 蒸し物 |
| 炒め物 | おかゆ | とろろ | そば・うどん | | ラーメン | スパゲティ |

**アクの強さ** ★★★★★

ワラビを鍋に入れて布をかけ、その上に木灰（草木を焼いてつくった灰）もしくは重曹（重炭酸ソーダの略で炭酸水素ナトリウムのこと）をまぶし、上からまんべんなくひたひたになるまで熱湯を注ぎかけて30分おき、冷水にとって一晩さらす。まぶす木灰の量は、ワラビの重量の10～15％が目安。採取した直後なら、熱湯を注いで15分おき、冷水で30分さらす程度でよい。

人気の高い山菜で、シーズンになると店先にも並べられる。

**根茎**

ワラビの根茎。この根茎には良質のデンプン（ワラビ粉）を含む。

**成葉** 2〜3回羽状複葉

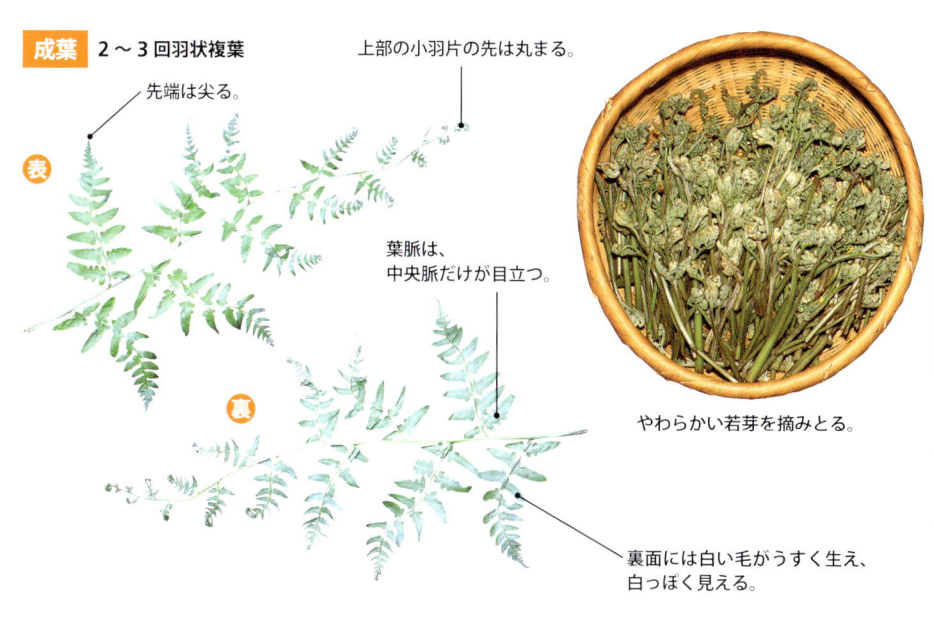

先端は尖る。

表

上部の小羽片の先は丸まる。

葉脈は、中央脈だけが目立つ。

裏

やわらかい若芽を摘みとる。

裏面には白い毛がうすく生え、白っぽく見える。

山地

**新芽**

握りこぶしのように葉をまるめたワラビの新芽。

アシタバ
→P232

ツルナ
→P238

ハマダイコン
→P242

クコ
→P236

# 海辺

海辺には、特有の気象条件や環境に適応した「海浜植物」と呼ばれる植物群があるが、この海浜植物を中心に、食用できるものが少なからずある。ここに生育する山菜は、温暖な気候のために、ほぼ通年にわたって収穫できるものも多い。

ボタンボウフウ
→P246

| 注 | 薬 | | 採取時期 | 若葉・若茎・若芽 |

採取時期: 1 2 3 4 5 6 7 8 9 10 11 12

# アシタバ [明日葉]

学名：*Angelica keiskei*
分類：セリ科シシウド属
別名：アシタグサ、ハチジョウゼリ、ハチジョウソウ

名人おすすめ！

[食べられる部位]
全草 / 若葉 / 花 / 若茎 / 若芽 / その他

## 生態
海辺の草やぶや林床に生える多年草。「若葉を摘みとっても、明日にはもう次の葉が生え出るほど生長力が旺盛な野草」という意味。関東地方以南の太平洋側半島部や島に分布する。日本海側では福岡市の志賀島で見られる。

## 特徴
- **形状**：太い木質の根茎から根生葉を出し、やがて葉の間から太い花茎を直立させて、60～120cm 内外の草丈になる。茎をちぎると、硫黄色の乳液を分泌する。
- **葉**：2回3出の羽状複葉で、長い柄があり、葉柄の基部が袋状となって茎を抱く。小葉は先端が尖った広卵状楕円形で、縁には粗いギザギザ（鋸歯）がある。小葉の数は9枚が標準。
- **花期**：7～10月ごろ、太い花茎の先に大型の複散形花序を出し、淡黄色の小さな5弁花をたくさんつける。
- **その他**：花の後、長さ6～8mm 内外の長楕円形で、扁平な乾果を結ぶ。

## 見極め＆採り方のコツ
**茎をちぎると硫黄色の乳液を分泌**
株の中心から出る若芽を生えぎわから切りとるが、若芽以外にも、光沢があるうちの若葉はやわらかく、食用できる。同属で海辺に生える「ハマウド（食不適）」と間違えやすいが、ハマウドは、茎や葉をちぎると白色の乳液を分泌する。

**薬用** 葉と根を陰干しし、高血圧の予防などに煎じて服用する。

## 調理法

| おひたし | サラダ | きんぴら | 和え物 | 生食 | きんとん | 煮物 |
|---|---|---|---|---|---|---|
| 酢の物 | 餅草 | つくだ煮 | 汁の実 | 卵とじ | 煮びたし | 薬味 |
| 鍋物 | 天ぷら | 漬け物 | 焼き物 | 素揚げ | 菜めし | 蒸し物 |
| 炒め物 | おかゆ | とろろ | そば・うどん | | ラーメン | スパゲティ |

| アクの強さ | ★★★ |

塩ひとつまみ加えた熱湯で7～8分茹で、冷水にとって10分ほどさらす。

花

アシタバの花。

**葉**

葉は2回3出の羽状複葉で、若い葉は強い光沢がある。

茎や葉柄を切ると、硫黄色の乳液を分泌する。

**成葉**
**2回3出の羽状複葉**

表

- 小葉は先端が尖った広卵状楕円形。
- 葉の表面には光沢がある。
- 縁に粗いギザギザがある。

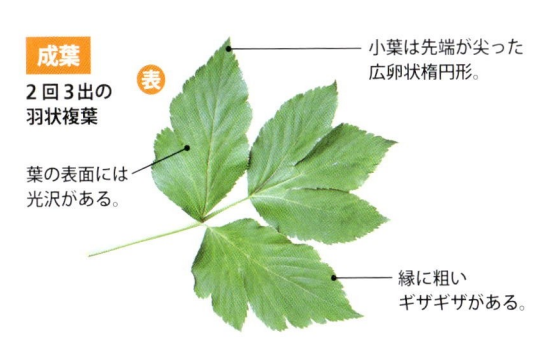

**果実**

アシタバの果実。

**若葉**

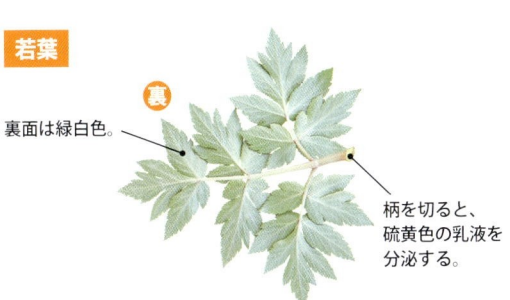

裏

- 裏面は緑白色。
- 柄を切ると、硫黄色の乳液を分泌する。

**根**

地中に太い根がある。

海辺

| 採取時期 | 1 | 2 | 3 | 4 | 5 | 6 | 7 | 8 | 9 | 10 | 11 | 12 |
|---|---|---|---|---|---|---|---|---|---|---|---|---|
| | | | 若葉・若芽 | | | | | 果実 | | | | |

# イヌビワ ［犬枇杷］

[食べられる部位]：若葉、若芽、果実

**学名**：*Ficus erecta*
**分類**：クワ科イチジク属
**別名・俗名**：イタビ、イタブ、コイチジク

## 生態

主として海辺の丘陵や林の縁に生える落葉低木。関東地方以南の本州と四国、九州、沖縄に分布。

## 特徴

- **形状**：枝は灰白色でやや太く、まばらに分枝する。枝や葉を傷つけると、白い乳液を分泌する。樹皮は灰白色で、全体に細かい粒点が散在する。高さ2～4m内外になる。
- **葉**：長さ8～20cm内外、幅3～10cm内外の倒卵形で、先端が尖り、縁は滑らか（全縁）。長さ1～4cm内外の柄があり、互生する。葉身は両面ともザラザラしている。
- **花期**：雌雄異株。4～5月ごろ、今年枝のわきに隠頭花序を1個ずつつける。雌花のうは径1.5～2cm内外の果のうとなり、暗赤紫色に熟して食べられる。
- **その他**：果実は、雌果のうは食用だが、雄果のうは食べられない。

## 見極め＆採り方のコツ

### イチジクに似た果実

春～初夏は、若芽や若葉を摘み、夏～秋は熟した雌果のうを摘みとる。

## 調理法

| おひたし | サラダ | きんぴら | 和え物 | 生食 | きんとん | 煮物 |
|---|---|---|---|---|---|---|
| 酢の物 | 餅草 | つくだ煮 | 汁の実 | 卵とじ | 煮びたし | 薬味 |
| 鍋物 | 天ぷら | 漬け物 | 焼き物 | 素揚げ | 菜飯 | 蒸し物 |
| 炒め物 | おかゆ | とろろ | そば・うどん | ラーメン | スパゲティ | |

※若葉と若茎はおひたし・和え物・汁の実・天ぷら、果実は生食・ジャムなど

**アクの強さ**：★★★

塩ひとつまみ加えた熱湯で7～8分茹で、冷水にとって10分ほどさらす。

**葉**
葉は倒卵形で、先端が尖り、両面ともザラザラした感じがする。

**果実（雌果のう）**
イヌビワの雌果のう。これも食べられる。

**成葉**

表 先端が細長く尖る。
表面は濃緑色。
縁は滑らか。

裏 裏面は白緑色。

柄が赤みを帯びやすい。

両面とも弱い光沢がある。

主脈が突出する。

**樹皮**

樹皮は灰白色で、全体に細かい粒点が散在する。

海辺

**若芽**

イヌビワの若芽。このくらいの若芽を摘みとる。

| 注 | 薬 | | 採取時期 | | | 若葉・若芽 | | | | | | 果実 | |
|---|---|---|---|---|---|---|---|---|---|---|---|---|---|
| | | | | 1 | 2 | 3 | 4 | 5 | 6 | 7 | 8 | 9 | 10 | 11 | 12 |

# クコ [枸杞]

[食べられる部位]: 若葉、若茎、若芽、果実

**学名**: *Lycium chinense*
**分類**: ナス科クコ属
**別名**: カラスナンバン、キホウズキ

## 生態
里の荒れ地や土手、海岸の草やぶなどに生える落葉低木で、暖地では半常緑性となる。日本全土に分布。

## 特徴
- **形状**: 細くしなやかな茎が群がって生え(叢生)、1〜2m内外の高さになる。
- **葉**: 長さ2〜4cm内外、幅1〜2cm内外の長楕円形で、互生する。葉はやわらかく、新枝では数枚が集まって束生する。
- **花期**: 9〜10月ごろ、新枝の先に径1cm内外の淡紫色の花を1〜3個ずつつける。花は広めの漏斗形で、先が5裂して花弁状に開く。
- **その他**: 花の後、長さ1.5〜2cm内外の卵形の液果を結び、10〜12月ごろに紅く熟す。

## 見極め&採り方のコツ
**淡紅紫色の花と紅熟する果実**
やわらかい新芽の先10cmくらいを摘みとる。

## 調理法
おひたし、サラダ、きんぴら、和え物、生食、きんとん、煮物、酢の物、餅草、つくだ煮、汁の実、卵とじ、煮びたし、薬味、鍋物、天ぷら、漬け物、焼き物、素揚げ、菜めし、蒸し物、炒め物、おかゆ、とろろ、そば・うどん、ラーメン、スパゲティ

※ 果実は、主として中華食材や薬用に用いられる

**アクの強さ** ★★★

塩ひとつまみ加えた熱湯で10分ほど茹で、冷水にとって15分さらす。

紅く熟すクコの果実。

枝は淡黄土色で、稜がある。

**薬用** 葉と茎を細かく切って天日乾燥させ、クコ茶として飲用すると、高血圧の予防や利尿(りにょう)に効用がある。

**樹形**

**花**

海辺

根元から枝を分けて株状になる。

淡紫色の花を横向きにつける。

**若葉** 長楕円形

表
- 先端は鈍頭。
- 縁は滑らかだが、波打ちやすい。
- 質はやわらかで、光沢はない。
- 主脈だけが目立ち、浅くへこむ。
- 基部は葉柄につながる。

裏
- 裏面は緑黄色。
- 主脈の下半分が突出する。

注 薬

採取時期 | 1 | 2 | 3 | 4 | 5 | 6 | 7 | 8 | 9 | 10 | 11 | 12

若葉・若芽

# ツルナ［蔓菜］

名人おすすめ！

[食べられる部位]
全草 / **若葉** / 花 / 若茎 / **若芽** / その他

**学名**：*Tetragonia tetragonoides*
**分類**：ツルナ科ツルナ属
**別名**：イソナ、スナカブリ、ハマヂシャ、ハマナなど

## 生態

海岸の砂地、草地、崖地などに生える多年草。北海道西南部、本州、四国、九州に分布する。世界的にも広い分布域を持ち、英名では「ニュージーランド・スピナッチ（ニュージーランドホウレンソウ）」と呼んで、野菜並みに利用される。

## 特徴

- **形状**：茎がつる状に地面を這って四方に伸び、分枝した枝先が斜めに立ち上がって、30～40cm内外の草丈になる。
- **葉**：長さ3～5cm内外の卵状三角形で、肉が厚い。表面は粉質でザラザラしており、短い柄で互生する。
- **花期**：4～10月にかけて、葉のわきに長さ3～4mm内外の花弁がない黄色の小さな花を1～2個つける。

## 見極め&採り方のコツ

**肉厚で表面がザラザラした三角形の葉**

暖地ではほぼ通年、寒冷地では5～9月ごろの間、やわらかな茎先や若葉を指の爪で挟み切って摘みとる。

## 調理法

| おひたし | サラダ | きんぴら | 和え物 | 生食 | きんとん | 煮物 |
|---|---|---|---|---|---|---|
| 酢の物 | 餅草 | つくだ煮 | 汁の実 | 卵とじ | 煮びたし | 薬味 |
| 鍋物 | 天ぷら | 漬け物 | 焼き物 | 素揚げ | 菜めし | 蒸し物 |
| 炒め物 | おかゆ | とろろ | そば・うどん | | ラーメン | スパゲティ |

※ ほかにスープにも使用できる

| アクの強さ | ★ |
|---|---|

アクはほとんどなく、熱湯をさっとくぐらせる程度でよい。

花

葉のわきに、黄色い小さな花をつける。

やわらかな若葉を摘みとる。

**成葉**

表
- 先端はあまり尖らない。
- 縁は滑らか（全縁）。
- 葉の形は三角形に近い。
- 葉質は厚くてやわらかい。
- 葉脈が浅くへこむ。

裏
- 裏面は白緑色で、ザラザラしている。
- 縁が少し裏側に巻き込む。
- 葉脈が突出する。

**葉**

葉は卵状三角形で、表面はザラザラした感じがする。

**薬用** 茎と葉を茹でてから天日乾燥したものを「蕃杏（ばんきょう）」と呼んで漢方の生薬とし、健胃整腸（けんいせいちょう）や病後の回復に煎じて服用する。

海辺

海辺の砂地や草地に群生する。

| 注 | 薬 |

採取時期 ●──若葉・葉柄──● 
**1 2 3 4 5 6** 7 8 9 10 11 12

# ツワブキ［石蕗 / 橐吾］

**名人おすすめ！**

[食べられる部位]
全草 / **若葉** / 花 / 若茎 / 若芽 / **葉柄**

学名：*Farfugium japonicum*
分類：キク科ツワブキ属
別名：イシブキ、ツヤ、ツワ、ハマブキなど

## 生態
海岸の岩場や崖地、沿海部のやぶや林内に生える常緑性の多年草。福島県以南の本州と四国、九州に分布する。

## 特徴
- **形状**：葉を閉じた状態で、白茶色の毛に被われた葉柄（ようへい）を出し、生長につれて毛が脱落して葉を開く。晩秋から初冬にかけて葉の間から花茎（かけい）を伸ばし、30〜70cm内外の草丈になる。
- **葉**：根生葉（こんせいよう）だけで、長い柄がある。葉の形は「フキ」に似るが、表面に強い光沢があり、厚くてかたい。また葉柄も、フキの場合は中が空洞だが、本種はつまっている。
- **花期**：10〜11月ごろ、葉の間から長い花茎を伸ばし、分枝した茎先に径5〜6cm内外で、舌状花（ぜつじょうか）、筒状花とも黄色の頭花を散房状につける。
- **その他**：観賞用として、葉の表面にまだら模様が入った園芸品種もある。

## 見極め＆採り方のコツ
**表面に光沢がある「フキ」に似た葉**
株の中央に出る、綿毛をかぶった若葉を葉柄ごと摘みとるが、葉柄だけを用いるなら生長した葉の葉柄でもよい。

## 調理法

| おひたし | サラダ | きんぴら | **和え物** | 生食 | きんとん | **煮物** |
|---|---|---|---|---|---|---|
| 酢の物 | 餅草 | つくだ煮 | 汁の実 | 卵とじ | 煮びたし | 薬味 |
| 鍋物 | **天ぷら** | 漬け物 | 焼き物 | 素揚げ | 菜めし | 蒸し物 |
| **炒め物** | おかゆ | とろろ | そば・うどん | | ラーメン | スパゲティ |

**アクの強さ** ★★★

毛をかぶった若い葉や葉柄なら、熱湯にくぐらせる程度でよいが、生長した葉の葉柄は、木灰（もくはい）（草木を焼いてつくった灰）か重曹（じゅうそう）（重炭酸ソーダの略で炭酸水素ナトリウムのこと）を加えた熱湯で10分ほど茹で、皮をむいて冷水に20分ほどさらす。

**薬用**：葉と葉柄を天日乾燥させ、魚中毒（げ）や下痢（り）に煎じて服用するほか、化膿（かのう）や湿疹（しっしん）に生葉をあぶって貼る。

**果実**
花の後、球状の果実を結ぶ。

LINK P118 フキ

海岸の草地から岩場まで、日当たりのよい場所に生える。

**花** 10〜11月ごろ、黄色の頭花をつける。

綿毛をかぶった若い葉を、葉柄ごと摘みとる。

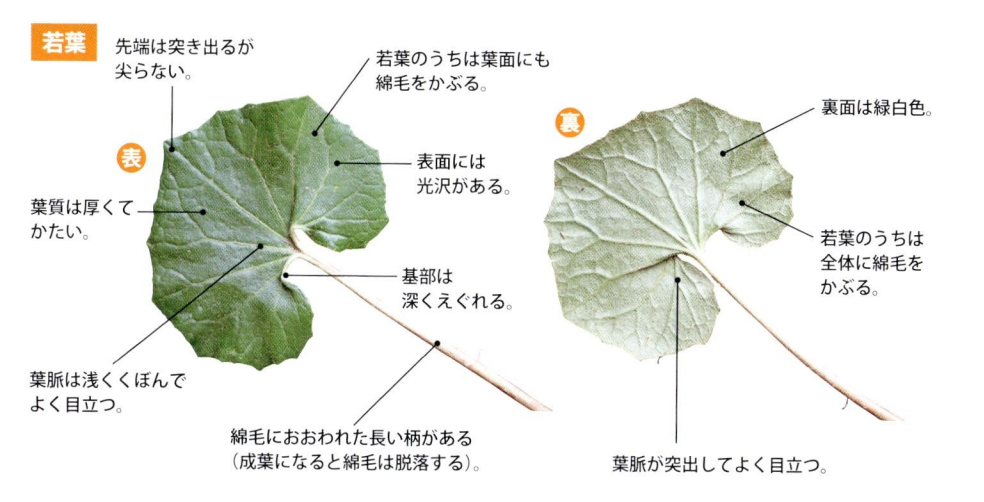

**海辺**

**若葉**

**表**
- 先端は突き出るが尖らない。
- 若葉のうちは葉面にも綿毛をかぶる。
- 表面には光沢がある。
- 葉質は厚くてかたい。
- 基部は深くえぐれる。
- 葉脈は浅くくぼんでよく目立つ。
- 綿毛におおわれた長い柄がある（成葉になると綿毛は脱落する）。

**裏**
- 裏面は緑白色。
- 若葉のうちは全体に綿毛をかぶる。
- 葉脈が突出してよく目立つ。

注 薬

採取時期 **1 2 3 4** 5 6 7 8 9 10 11 12
───若葉・若芽───

# ハマダイコン [浜大根]

学名：*Raphanus sativus var. raphanistroides*
分類：アブラナ科ダイコン属
別名：特になし

名人おすすめ！

[食べられる部位]
全草 / **若葉** / 花 / 若茎 / **若芽** / その他

## 生態
海岸の砂地や草地、河川の川原などに生える多年草で、群生しやすい。数少ない野生ダイコンのひとつ。日本全土に分布。

## 特徴
- **形状**：根ぎわから太い葉柄の葉を束状に出し、下部の葉が四方に寝て地面を押さえ、これを支えにするよう真上に茎を伸ばして、50cm内外の草丈になる。
- **葉**：羽状に裂けた葉は、畑に栽培される「ダイコン」とほぼ同形。
- **花期**：3〜5月ごろ、茎先に帯紫桃色の十字形の花をたくさんつけるが、ときに白花のものがあり、これを「シロバナハマダイコン（食用）」と呼ぶ。
- **その他**：地中の根は栽培ダイコンのように肥大せず、径2cm内外で枝根やヒゲ根が多い。

## 見極め＆採り方のコツ
栽培物のダイコンとほとんど同じ形の葉
早春に、株の中央に出る若芽を摘みとる。

## 調理法
**おひたし** / サラダ / きんぴら / **和え物** / 生食 / きんとん / 煮物
酢の物 / 餅草 / つくだ煮 / **汁の実** / 卵とじ / 煮びたし / 薬味
鍋物 / **天ぷら** / 漬け物 / 焼き物 / 素揚げ / 炊めし / 蒸し物
**炒め物** / おかゆ / とろろ / そば・うどん / ラーメン / スパゲティ

アクの強さ ★★

塩ひとつまみ加えた熱湯で5〜6分茹で、冷水にとって10分ほどさらす。

果実
ハマダイコンの果実。

根
根はあまり大きくならない。

**根生葉** 羽状に裂ける

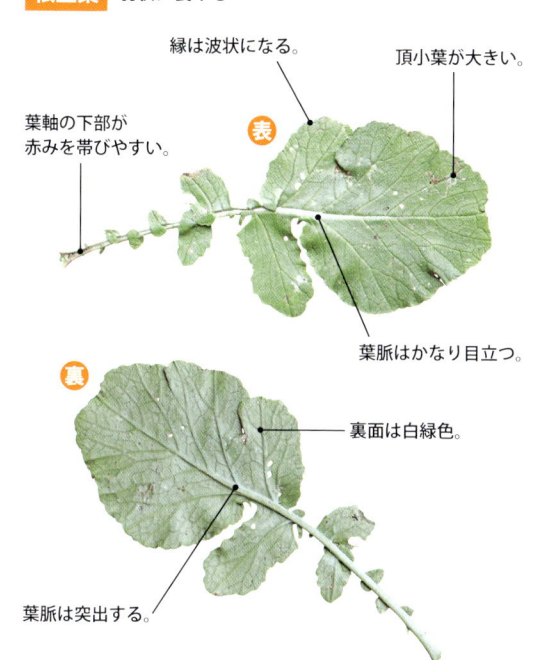

- 縁は波状になる。
- 頂小葉が大きい。
- 葉軸の下部が赤みを帯びやすい。
- 表
- 葉脈はかなり目立つ。
- 裏
- 裏面は白緑色。
- 葉脈は突出する。

**花**

3～5月ごろ、帯紫桃色の十字形花を茎先にたくさんつける。

ハマダイコンは野生のダイコン。

海辺

海辺の砂浜や草地に群生する。

| 注 | 薬 | | 採取時期 | 1 | 2 | **3** | **4** | **5** | 6 | 7 | 8 | 9 | 10 | 11 | 12 |

←若葉・若芽→

# ハマボウフウ ［浜防風］

名人おすすめ！

[食べられる部位]
全草 / 若葉 / 花 / 若茎 / 若芽 / その他

学名：*Glehnia littoralis*
分類：セリ科ハマボウフウ属
別名：イセボウフウ、ハマギイ、ハマゴボウ、ヤオヤボウフウなど

## 生態
海岸の砂浜に生える多年草で、日本全土に分布する。

## 特徴
- **形状**：太くて長いゴボウ状の黄白色の根を地中に深く伸ばし、地上には1〜2回3出複葉を四方に広げ、5〜30cm内外の草丈になる。
- **葉**：長さ10〜20cm内外の1〜2回3出複葉で、赤みを帯びた葉柄(ようへい)がある。小葉は長さ2〜5cm内外、幅1〜3cm内外の楕円形。縁には細かいギザギザ(鋸歯(きょし))があり、濃緑色でやや厚く、表面には光沢がある。
- **花期**：6〜8月ごろ、茎先に複散形花序を出し、小さな白い5弁花を球状に密集させてつける。花は「カリフラワー」に似る。
- **その他**：明治時代から栽培が行われ、八百屋の店先にも並ぶところから、「ヤオヤボウフウ」の異名もある。

## 見極め&採り方のコツ
「カリフラワー」に似た花をつける
3〜5月ごろ、若葉を葉柄ごと根ぎわから摘みとる。

## 調理法

| おひたし | サラダ | きんぴら | 和え物 | 生食 | きんとん | 煮物 |
| 酢の物 | 餅草 | つくだ煮 | 汁の実 | 卵とじ | 煮びたし | 薬味 |
| 鍋物 | 天ぷら | 漬け物 | 焼き物 | 素揚げ | 菜めし | 蒸し物 |
| 炒め物 | おかゆ | とろろ | そば・うどん | | ラーメン | スパゲティ |

※ ほかに料理のうまみにも使える

| アクの強さ | ★ |

熱湯で軽く茹でる程度でよく、アク抜きする必要はない。

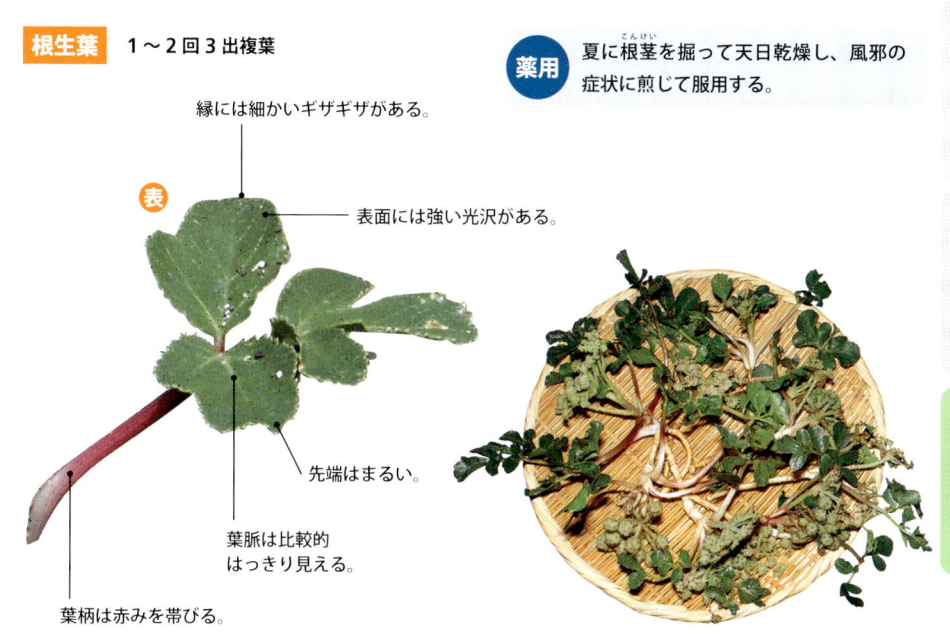

**根生葉** 1〜2回3出複葉

縁には細かいギザギザがある。

表

表面には強い光沢がある。

先端はまるい。

葉脈は比較的はっきり見える。

葉柄は赤みを帯びる。

**薬用** 夏に根茎（こんけい）を掘って天日乾燥し、風邪の症状に煎じて服用する。

やわらかな若葉を葉柄ごと摘む。

海辺

砂浜を這って伸び、6〜8月ごろ、白い5弁花を球状に集めてつける。

# ボタンボウフウ ［牡丹防風］

**学名**：*Peucedanum japonicum*
**分類**：セリ科カワラボウフウ属
**別名**：サクナ、タプナ、チョウメイグサ

注 薬

採取時期：1 2 3 4 5 6 7 8 9 10 11 12（若芽）

[食べられる部位] 全草／若葉／花／若茎／若芽／その他（若芽）

## 生態
海岸の崖地、岩場、磯地に生える常緑性の多年草。関東地方以西の本州と四国、九州、沖縄に分布する。

## 特徴
- **形状**：岩の割れ目や砂れき中に、ゴボウのような太くて長い根を伸ばし、地上部は根ぎわから四方に葉を広げ、60～100cm内外の草丈になる。
- **葉**：上部の葉は1～2回3出複葉だが、下部の葉は2～3回3出複葉。小葉は、長さ3～6cm内外の倒卵形で3深裂し、厚みがある。
- **花期**：6～9月ごろ、茎先に複散形花序を出し、小さな白い5弁花をたくさんつける。
- **その他**：花の後、楕円形の果実を結び、10～12月にかけて黒褐色に熟す。

## 見極め＆採り方のコツ
「ボタン」に似た葉が株状に生える
ほぼ通年に渡って、株の中央に出る若芽を摘みとる。

**薬用**：花期に葉や根をとって天日乾燥し、風邪、咳止め、解熱などに煎じて服用する。

## 調理法
おひたし／サラダ／きんぴら／**和え物**／生食／きんとん／**煮物**
酢の物／餅草／**つくだ煮**／**汁の実**／卵とじ／煮びたし／薬味
鍋物／**天ぷら**／漬け物／焼き物／素揚げ／菜めし／蒸し物
炒め物／おかゆ／とろろ／そば・うどん／ラーメン／スパゲティ

**アクの強さ** ★★★

塩ひとつまみ加えた熱湯で7～8分茹で、冷水にとって15分ほどさらす。

**葉**
上部の葉は1～2回3出複葉で、厚みがある。

**根**
太くて長い根がある。

海岸の岩場に生える。

| 根生葉 | 上部の葉は1〜2回3出複葉、下部の葉は2〜3回3出複葉 |

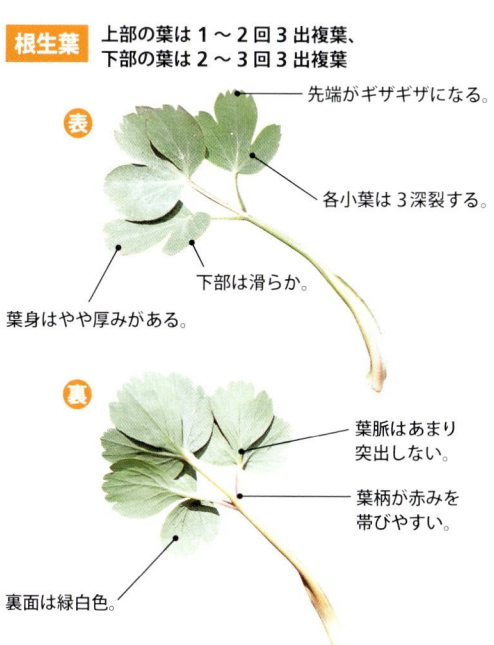

表
- 先端がギザギザになる。
- 各小葉は3深裂する。
- 下部は滑らか。
- 葉身はやや厚みがある。

裏
- 葉脈はあまり突出しない。
- 葉柄が赤みを帯びやすい。
- 裏面は緑白色。

花

ボタンボウフウの花。

果実

ボタンボウフウの果実。

# 植物の基礎知識

## 葉の構造

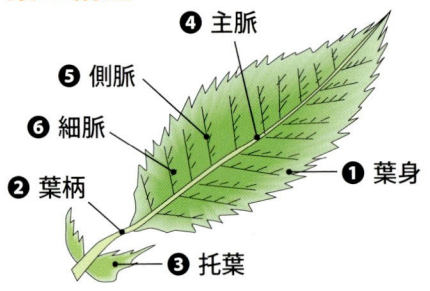

❶ 葉身：葉の平たく広がった部分
❷ 葉柄：葉についている柄の部分
❸ 托葉：葉柄の基部につく葉

葉脈：葉身上を走っている脈
❹ 主脈→中心を縦に走っている太い脈
❺ 側脈→主脈から横に派生する脈
❻ 細脈→側脈から派生する細かい脈

## 葉の形・基部・先端

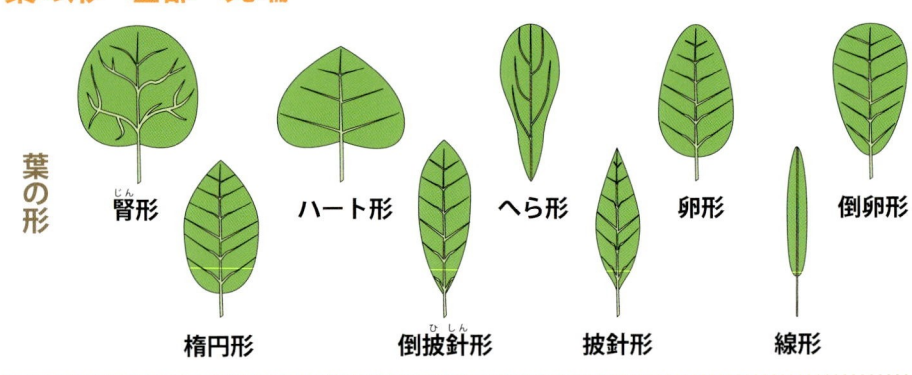

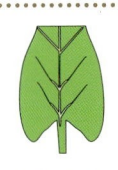

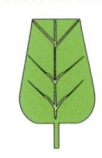

**葉の形**
腎形、ハート形、へら形、卵形、倒卵形
楕円形、倒披針形、披針形、線形

**葉の基部と先端の形**
やじり形、ホコ形、ハート形、切形、くさび形、鈍頭形、鋭頭形

## 葉のつき方

**互生**
節から葉が左右に1枚ずつ出る。

**対生**
節から葉が2枚ずつ出る。

**輪生**
節から葉が3枚以上出る。

**束生**
1ヶ所から数枚の葉が束状に出る。

## 複葉の形状と羽状複葉

**複葉**
1本の葉柄の先に2枚以上の葉をつけ、全体として1枚の葉を構成する。
（小葉／葉軸）

**掌状複葉**（しょうじょうふくよう）
葉軸が伸びず、葉柄の先に小葉が放射状に並んでつく複葉。

**3出複葉**
3枚の小葉からなる掌状複葉。

**2回3出複葉**
3出複葉が2回出る。

**3回3出複葉**
3出複葉が3回出る。

**偶数羽状複葉**（ぐうすううじょうふくよう）
先端の小葉が対になる羽状複葉。

**奇数羽状複葉**
先端の小葉が1枚の羽状複葉。

**2回奇数羽状複葉**
2回出る奇数羽状複葉。

**3回奇数羽状複葉**
3回出る奇数羽状複葉。

羽状複葉：葉軸から左右に小葉が並んでつく複葉。

## 葉の裂け方

**羽状**（うじょう）
鳥の羽のような状態。

**全裂**
葉が葉脈まで裂けた状態。

**深裂**
深く裂けた状態。

**浅裂**
浅く裂けた状態。

**中裂**
深裂と浅裂の中間。

## 葉の縁の形と名称

**全縁**（ぜんえん）
葉の縁が滑らか。

**波状**
葉の縁が波状になる。

**鋸歯**（きょし）
葉の縁がノコギリの歯のようなギザギザ。

**鈍鋸歯**（どんきょし）
葉の縁が鋸歯よりも鈍いギザギザ。

**重鋸歯**（じゅうきょし）
それぞれの鋸歯が二重のギザギザになる。

**歯牙**（しが）
葉の縁が尖った歯のようになる。

## 花の構造

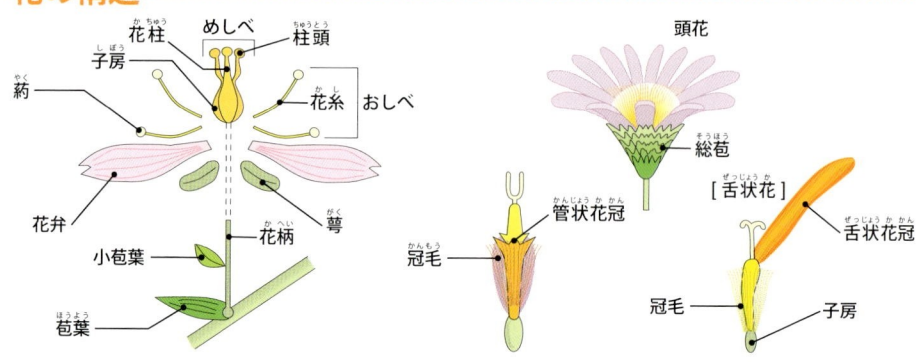

- めしべ: 花柱（かちゅう）、柱頭（ちゅうとう）、子房（しぼう）
- おしべ: 葯（やく）、花糸（かし）
- 花弁
- 萼（がく）
- 小苞葉
- 苞葉（ほうよう）
- 花柄（かへい）

頭花、総苞（そうほう）

管状花冠（かんじょうかかん）、冠毛（かんもう）

[舌状花（ぜつじょうか）] 舌状花冠（ぜつじょうかかん）、冠毛、子房

## 花冠の形状と名称

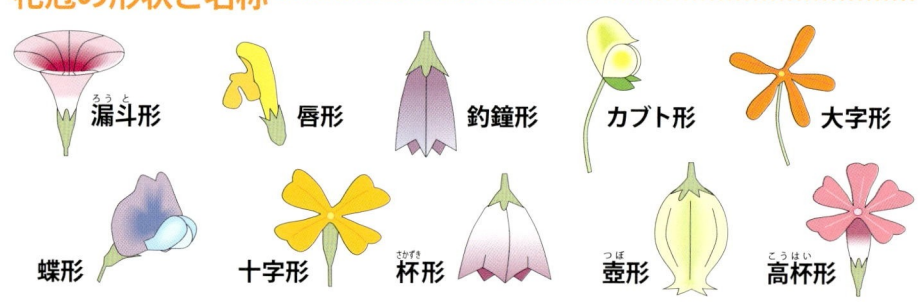

- 漏斗形（ろうと）
- 唇形
- 釣鐘形
- カブト形
- 大字形
- 蝶形
- 十字形
- 杯形（さかずき）
- 壺形（つぼ）
- 高杯形（こうはい）

## 花序の種類

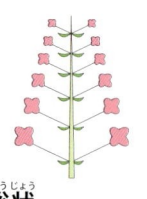

**総状（そうじょう）**
花の柄が下部ほど長く、上部ほど短い。三角錐。

**円錐状**
総状花序がいくつもつく。円錐形。

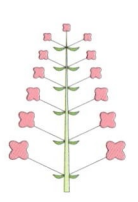

**集散状**
主軸の頂に1個の花をつけ、その下方から1個または数個の側軸を出して頂花をつけ、さらに各側軸が小さな側軸を出してそれぞれ花をつける。

**散形状**
放射状に花がつく。

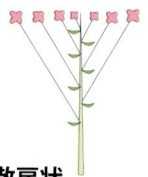

**散房状**
花の柄が下部ほど長く、上部ほど短い。逆三角形。

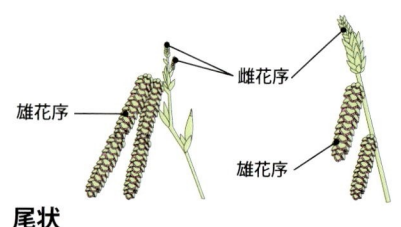

**尾状**
小さな花が集まって、しっぽのように長くなった花序。花が終わると、花ごと散らず、花序ごと落下する。
雄花序、雌花序

## 茎の形と名称

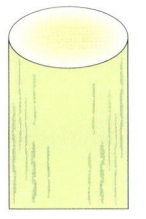

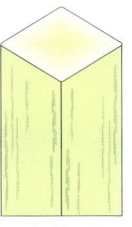

- 円柱形
- 四角柱形
- 稜形

[断面] 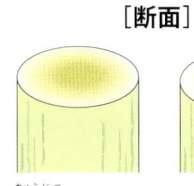
- 中実　中がつまっている。
- 中空　中が空洞。

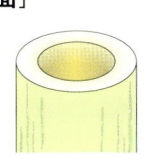

## 枝の呼び名

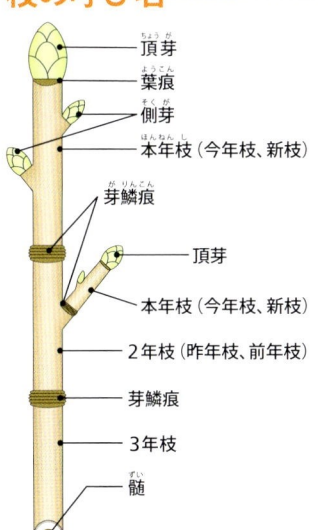

- 頂芽
- 葉痕
- 側芽
- 本年枝（今年枝、新枝）
- 芽鱗痕
- 頂芽
- 本年枝（今年枝、新枝）
- 2年枝（昨年枝、前年枝）
- 芽鱗痕
- 3年枝
- 髄

## 毛の種類と名称

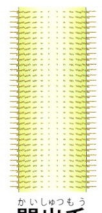

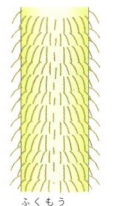

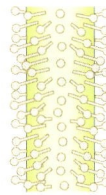

- 開出毛
- 伏毛
- 腺毛
- 星状毛

## 長枝と短枝

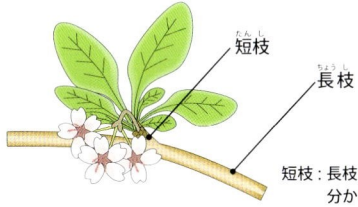

- 短枝
- 長枝

短枝：長枝（ふつうの枝）から分かれ出る短い枝。

## 果実の種類

**液果**　果肉が多肉質で、汁液が多く、内部に種子がある果実。

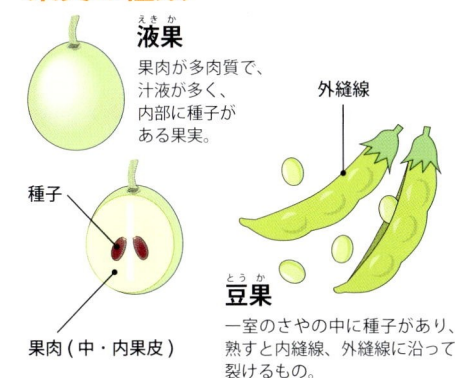

- 種子
- 果肉（中・内果皮）
- 外縫線

**豆果**　一室のさやの中に種子があり、熟すと内縫線、外縫線に沿って裂けるもの。

## 根の形と名称

**鱗茎**　茎が短縮し、養分を貯蔵した鱗片状の葉で囲まれた地下茎。

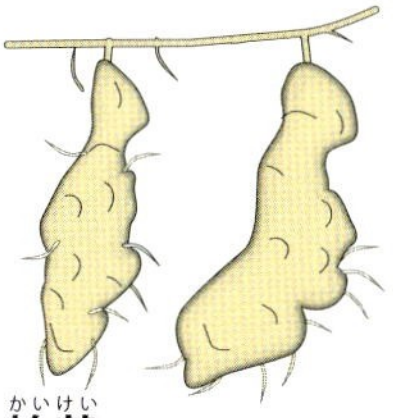

**塊茎**　塊となって全面に芽を持つ地下茎。

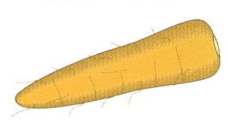

**根茎**　長く、あるいは短く地中を這っている地下茎。

# 50音順インデックス

※ 太字→標準名、細字→別名

## ア行

| | |
|---|---|
| アイコ | 204 |
| アイコダラ | 212 |
| アイヌネギ | 170 |
| アイバナ | 98 |
| アオゼリ | 88 |
| アオバナ | 98 |
| アオブキ | 118 |
| アカアサ | 44 |
| **アカザ** | **44** |
| アカジシャ | 86 |
| アカブキ | 118 |
| **アカメガシワ** | **46** |
| アクビ | 144 |
| **アケビ** | **144** |
| アケビカズラ | 144 |
| アケミ | 144 |
| アサガラ | 200 |
| **アサツキ** | **48** |
| アサヅキ | 48 |
| アシタグサ | 232 |
| **アシタバ** | **232** |
| アズキナ | 102、218 |
| アズキハギ | 102 |
| アブラコ | 174 |
| アマナ | 62、192 |
| アメフリバナ | 164 |
| イシブキ | 240 |
| イシャイラズ | 72 |
| イセボウフウ | 244 |
| イソナ | 238 |
| イタスイコ | 50 |
| **イタドリ** | **50** |
| イタビ | 234 |
| イタブ | 234 |
| イツツバ | 200 |
| イドクサ | 134 |
| イトネギ | 48 |
| イドバス | 134 |
| **イヌビワ** | **234** |
| イモノキ | 174 |
| イラ | 204 |
| イラグサ | 204 |
| イワカズラ | 134 |
| **イワタバコ** | **148** |
| イワダラ | 212 |
| イワナ | 148 |
| イワブキ | 134、188 |
| イワボキ | 188 |
| **ウゴアザミ** | **146** |
| ウコギ | 210 |
| ウシノヒタイ | 126 |
| ウシビル | 48、170 |
| **ウツボグサ** | **150** |
| **ウド** | **152** |
| ウハギ | 136 |
| **ウバユリ** | **154** |
| ウバヨロ | 154 |
| ウマナズナ | 44 |
| ウマノスイコ | 64 |
| ウマビユ | 86 |
| ウメノボタモチ | 70 |
| ウリッパ | 164 |
| ウリナ | 124 |
| ウルイ | 164 |
| **ウワバミソウ** | **156** |
| **ウワミズザクラ** | **158** |
| エイザンユリ | 216 |
| エゴキ | 204 |
| エラ | 204 |
| **オオイタドリ** | **160** |
| **オオウバユリ** | **162** |
| オオエビヅル | 214 |
| **オオバギボウシ** | **164** |
| **オオバコ** | **52** |
| オカジュンサイ | 64 |
| オギョウ | 110 |
| オジナ | 96 |
| **オニアザミ** | **146** |
| オニウコギ | 210 |
| オニダラ | 114 |
| オハギ | 136 |
| オハコベ | 74 |
| オモイグサ | 98 |
| **オランダガラシ** | **54** |
| オランダミズガラシ | 54 |
| オンダラ | 94 |
| オンバコ | 52 |

## カ行

| | |
|---|---|
| カイコノキ | 130 |
| カエルバ | 52 |
| カカラ | 76 |
| **カキドオシ** | **56** |
| カコソウ | 150 |
| カサナ | 202 |
| カズザキヨモギ | 138 |
| カズネ | 70 |
| カタカゴ | 166 |
| **カタクリ** | **166** |
| カタコユリ | 166 |
| カタバナ | 166 |
| カッコバナ | 166 |
| ガネブ | 214 |
| カバユリ | 154 |
| カベトオシ | 56 |
| カマツカ | 98 |
| **カラスウリ** | **58** |
| カラスナンバン | 236 |
| **カラスノエンドウ** | **60** |
| カラタチイバラ | 76 |
| **カラマツソウ** | **168** |
| カラミゼリ | 92 |
| カワソバ | 126 |
| カワホリナ | 220 |
| カンゾウナ | 62 |
| ガンタチイバラ | 76 |
| カントリソウ | 56 |
| **ギシギシ** | **64** |
| キツネノマクラ | 58 |
| キトビル | 170 |
| キノシタ | 206 |
| キノメ | 78、144 |
| キホウズキ | 236 |
| ギボシ | 176 |
| キモト | 48 |
| ギャーロッパ | 52 |
| **ギョウジャニンニク** | **170** |
| **キランソウ** | **66** |
| キンギンカ | 80 |
| キンコツソウ | 66 |
| ギンバリ | 164 |
| **キンミズヒキ** | **68** |
| クキダチ | 200 |
| **クコ** | **236** |
| **クサソテツ** | **172** |
| クサダラ | 152、212 |
| クサフジ | 70 |
| クジナ | 96 |
| **クズ** | **70** |
| クズマカズラ | 70 |
| クレソン | 54 |

| | | | | | |
|---|---|---|---|---|---|
| クワ | 130 | ジネンジョ | 132 | タブナ | 246 |
| ケウド | 152 | ジビョウクサ | 150 | タマズサ | 58 |
| **ゲンノショウコ** | **72** | シャクシナ | 192 | タマビル | 108 |
| コイチジク | 234 | シャミセングサ | 100 | タラッポ | 94 |
| コウモリナ | 220 | ショウデ | 182 | **タラノキ** | **94** |
| ゴウリ | 58 | ショウワグサ | 120 | **タラノメ** | **94** |
| **コオニタビラコ** | **74** | ショデコ | 182 | タランボウ | 94 |
| コガネバナ | 222 | シロザ | 44 | タロナ | 54 |
| ゴギョウ | 110 | **スイカズラ** | **80** | ダンゴグサ | 138 |
| コゴミ | 172 | スイカンボ | 50、82 | タンボグサ | 96 |
| コゴメ | 172 | スイジ | 82 | タンポコナ | 74 |
| ゴサイバ | 46 | スイナ | 82 | **タンポポ** | **96** |
| **コシアブラ** | **174** | ズイナ | 84 | **チシマザサ** | **190** |
| ゴジョウ | 50 | **スイバ** | **82** | チダケ | 190 |
| **コバギボウシ** | **176** | スイバナ | 80 | チチナ | 186 |
| コビル | 108 | スカンポ | 82、160 | チドメクサ | 150 |
| コブノキ | 104 | **スギナ** | **84** | チドメグサ | 56 |
| **ゴマナ** | **178** | スギナノコ | 84 | チョウジグサ | 58 |
| ゴマノハギク | 178 | スギナボーズ | 84 | チョウチンバナ | 122、192 |
| コメウツギ | 202 | スシ | 82 | チョウメイグサ | 246 |
| コメゴメ | 202 | スズメユリ | 218 | ツキクサ | 98 |
| コメナ | 202 | スッポン | 50 | **ツクシ** | **84** |
| コメノキ | 202 | スナカブリ | 238 | ツクシンボ | 84 |
| コモチグサ | 196 | **スベリヒユ** | **86** | ツヅミグサ | 96 |
| コモチバナ | 196 | **セリ** | **88** | ツヤ | 240 |
| ゴンゼツ | 174 | センキグサ | 68 | ツヤゼリ | 88 |
| ゴンゼツノキ | 174 | ゼンゴ | 184 | **ツユクサ** | **98** |
| ゴンパチ | 160 | センノキ | 114 | ツリガネソウ | 122 |
| | | センボンワケギ | 48 | **ツリガネニンジン** | **192** |
| **サ**行 | | **ゼンマイ** | **184** | **ツルナ** | **238** |
| サイモリバ | 46 | ゼンメ | 184 | ツワ | 240 |
| サクナ | 246 | ソデコ | 182 | **ツワブキ** | **240** |
| ササナ | 186、218 | **ソバナ** | **186**、196 | テングウチワ | 114 |
| サシガラ | 160 | ソババナ | 196 | トウキチ | 206 |
| サジナ | 186 | ソマナ | 186 | トゲウド | 94 |
| サトギシギシ | 82 | | | トゲキノメ | 210 |
| サトナズナ | 44 | **タ**行 | | トトキ | 192 |
| サナヅラ | 214 | **タイアザミ** | **146** | トリアシ | 194 |
| サビナ | 226 | **ダイモンジソウ** | **188** | **トリアシショウマ** | **194** |
| サルダメシ | 224 | タガラシ | 92 | トリノアシ | 194 |
| **サルトリイバラ** | **76** | タズ | 104 | トロロイモ | 132 |
| **サワオグルマ** | **180** | タズノキ | 104 | トロログサ | 156 |
| サワワサビ | 226 | タズバ | 104 | | |
| サンキライ | 76 | タゼリ | 92 | **ナ**行 | |
| **サンショウ** | **78** | タソバ | 126 | **ナズナ** | **100** |
| サンボンアシ | 194 | **タチツボスミレ** | **90** | ナデナ | 100 |
| **シオデ** | **182** | タチビ | 50 | **ナンテンハギ** | **102** |
| ジゴクノカマノフタ | 66 | タニフサギ | 156 | ナンヨウシュンギク | 120 |
| シドキ | 206 | タニワタシ | 102 | ニセアカシア | 112 |
| シトケ | 228 | **タネツケバナ** | **92** | **ニリンソウ** | **196** |
| シドケ | 206 | タビラコ | 74 | **ニワトコ** | **104** |

253

# INDEX

|  |  |
|---|---|
| ニワブキ | 188 |
| ニンギョウソウ | 200 |
| ニンドウ | 80 |
| ニンドウカズラ | 80 |
| ヌストグサ | 68 |
| ヌノバ | 192 |
| ネジログサ | 88 |
| ネズミユリ | 154 |
| ネマガリダケ | 190 |
| **ノアザミ** | **146** |
| ノグワ | 130 |
| **ノゲシ** | **106** |
| **ノビル** | **108** |
| ノブキ | 118 |
| ノミツバ | 128 |

## ハ行

|  |  |
|---|---|
| ハギナ | 136 |
| ハジカミ | 78 |
| ハタツモリ | 224 |
| ハチジョウゼリ | 232 |
| ハチジョウソウ | 232 |
| **ハナイカダ** | **198** |
| ハハカ | 158 |
| **ハハコグサ** | **110** |
| ハマギイ | 244 |
| ハマゴボウ | 244 |
| **ハマダイコン** | **242** |
| ハマヂシャ | 238 |
| ハマナ | 238 |
| ハマブキ | 240 |
| **ハマボウフウ** | **244** |
| **ハリエンジュ** | **112** |
| **ハリギリ** | **114** |
| **ハルジオン** | **116** |
| ハルノノゲシ | 106 |
| バンカゼリ | 54 |
| **ハンゴンソウ** | **200** |
| ヒッツキグサ | 68 |
| ヒデコ | 182 |
| ヒョウナ | 86 |
| ヒルナ | 108 |
| ヒロ | 108 |
| ヒロコ | 108 |
| ビンボウグサ | 116 |
| **フキ** | **118** |
| **フキノトウ** | **118** |
| フクベラ | 196 |
| フクロソウ | 72 |
| フタバハギ | 102 |
| フユナ | 222 |

|  |  |
|---|---|
| **ベニバナボロギク** | **120** |
| ヘビノボラズ | 94 |
| ヘビノマクラ | 84 |
| ペンペングサ | 100 |
| ホウコグサ | 110 |
| ボウシバナ | 98 |
| ボウズユリ | 154 |
| ボウナ | 220 |
| ホウライジュリ | 216 |
| ホダ | 228 |
| ホタルグサ | 98 |
| **ホタルブクロ** | **122** |
| **ボタンボウフウ** | **246** |
| ホデラ | 228 |
| ホトケノザ | 74 |
| **ホトトギス** | **124** |
| ホンナ | 220 |
| ボンナ | 220 |

## マ行

|  |  |
|---|---|
| マコウド | 152 |
| マタリッパ | 64 |
| マツガネソウ | 148 |
| ママッコ | 198 |
| マルバ | 52 |
| マルバグサ | 52 |
| ミコシグサ | 72 |
| ミズ | 156 |
| ミズガラシ | 54、92 |
| ミズナ | 156 |
| ミズブキ | 118、156 |
| **ミゾソバ** | **126** |
| ミツスイバナ | 80 |
| **ミツバ** | **128** |
| **ミツバウツギ** | **202** |
| ミツバゼリ | 128 |
| **ミヤマイラクサ** | **204** |
| メビル | 108 |
| モエ | 144 |
| モガサ | 138 |
| モチグサ | 110、138 |
| **モミジガサ** | **206** |

## ヤ行

|  |  |
|---|---|
| ヤイトグサ | 138 |
| ヤオヤボウフウ | 244 |
| ヤチウド | 180 |
| ヤチブキ | 180、222 |
| ヤツバ | 88 |
| ヤハズノエンドウ | 60 |
| **ヤブカンゾウ** | **62** |

|  |  |
|---|---|
| ヤブユリ | 154 |
| **ヤブレガサ** | **208** |
| ヤブレッパ | 208 |
| ヤマアサ | 200 |
| ヤマイモ | 132 |
| **ヤマウコギ** | **210** |
| ヤマオガラ | 174 |
| ヤマクキダチ | 178 |
| **ヤマグワ** | **130** |
| ヤマサンショウ | 78 |
| ヤマスミレ | 56 |
| ヤマタバコ | 148 |
| ヤマチャ | 148 |
| ヤマトトキ | 186 |
| ヤマナ | 194 |
| **ヤマノイモ** | **132** |
| ヤマビル | 170 |
| ヤマブキ | 118 |
| **ヤマブキショウマ** | **212** |
| **ヤマブドウ** | **214** |
| ヤマミツバ | 128 |
| **ヤマユリ** | **216** |
| ヤマワサビ | 226 |
| ヤワラビ | 228 |
| ヤンダラ | 212 |
| **ユキザサ** | **218** |
| **ユキノシタ** | **134** |
| ヨシナ | 156 |
| ヨシノユリ | 216 |
| **ヨブスマソウ** | **220** |
| ヨメガハギ | 136 |
| **ヨメナ** | **136** |
| ヨメノサイ | 136、228 |
| ヨメノナ | 136 |
| ヨメノナミダ | 198 |
| **ヨモギ** | **138** |

## ラ行

|  |  |
|---|---|
| **リュウキンカ** | **222** |
| **リョウブ** | **224** |
| リョウボ | 224 |

## ワ行

|  |  |
|---|---|
| **ワサビ** | **226** |
| ワサビナ | 226 |
| ワジナ | 96 |
| ワスレナグサ | 62 |
| **ワラビ** | **228** |
| ワラビナ | 228 |
| **ワレモコウ** | **140** |

## あとがき

　植物学では、木性の植物を「木本(もくほん)」、草性の植物を「草本(そうほん)」というが、この両者を合わせると、野山に自生する植物の中にも食用に適したものが少なからずあり、これらを総称して「山菜」と呼ぶ。

　これらの山菜は、地域によって分布や利用の状況に大きな違いもあるが、全国的にみればざっと二百数十種におよぶ。

　本書では、そのうちの代表的な100種を選び、自然下で識別しやすい写真を紹介するとともに、生態、見極めのポイント、食用する部位、採取の時期、採り方のコツ、アクの程度と適正な調理法、そして、その他の参考事項までわかりやすく解説し、山菜入門者にとってもっとも活用しやすい構成をはかったつもりである。

　山菜の愛好者は、年々増加の一途をたどっているが、その背景としては、自然食指向の風潮はもちろんのこと、われわれの食卓からもはやほとんど失われてしまった季節感や自然観に対する回帰思考が作用しており、合わせて山菜を求めて野山を逍遥(しょうよう)する健康的なイメージが歓迎されるからに違いない。

　しかし、実際に山菜採りという野遊びに首を突っ込んでみるまでは、その本当の楽しさ、喜びが百万言の言葉以上に大きく深いものであることは、決して理解できないものである。

　願わくば一人でも多くの読者諸氏が、今日この日からその喜びを得られんことを願うものである。

2012年1月
大海 淳

◆ 著者紹介

## 大海 淳（おおうみ じゅん）

1943年、愛知県生まれ。早稲田大学卒業。きのこ・山菜・木の実・草の実採り、登山、釣りをはじめ、海・山・川すべてのフィールドを広く遊び歩く。作家、エッセイスト。テレビ、ラジオ、講演などでも活躍中。
著書に『樹木見どころ勘どころまるわかり図鑑』『山菜採りナビ図鑑』『きのこ採りナビ図鑑』（大泉書店）、『はじめてのきのこ・山菜採り』『四季の手作り果実酒』（主婦と生活社）、『野遊びクッキングガイド』（農文協）など多数がある。

◆ 写真撮影／大海 淳

◆ 本文デザイン／GRiD（八十島博明 石川幸彦）

◆ イラスト／イナアキコ 入沢秀男

◆ 写真協力／木村郁夫 菊地敏幸

◆ 取材協力／休暇村「裏磐梯」「妙高」
　　　　　　民宿えんどう 小栗一男

本書を無断で複写（コピー・スキャン・デジタル化等）することは、著作権法上認められた場合を除き、禁じられています。小社は、著者から複写に係わる権利の管理につき委託を受けていますので、複写をされる場合は、必ず小社にご連絡ください。

012OUTDOOR
いますぐ使える
## 山菜採りの教科書

2012年2月25日 初版 発行
2022年7月4日 8版 発行
著　者　大海 淳
発行者　鈴木伸也
発　行　株式会社 大泉書店
　　　　住所 〒105-0004
　　　　東京都港区新橋5-27-1
　　　　新橋パークプレイス2F
　　　　電話 03-5577-4290
　　　　FAX 03-5577-4296
　　　　振替 00140-7-1742
印刷・製本　凸版印刷株式会社

© Jun Oumi 2012 Printed in Japan
URL http://www.oizumishoten.co.jp/
ISBN 978-4-278-04726-4　C0076

落丁、乱丁本は小社にてお取替えいたします。
本書の内容についてのご質問は、ハガキまたはFAXにてお願いいたします。